BestMasters

Mit „BestMasters" zeichnet Springer die besten Masterarbeiten aus, die an renommierten Hochschulen in Deutschland, Österreich und der Schweiz entstanden sind. Die mit Höchstnote ausgezeichneten Arbeiten wurden durch Gutachter zur Veröffentlichung empfohlen und behandeln aktuelle Themen aus unterschiedlichen Fachgebieten der Naturwissenschaften, Psychologie, Technik und Wirtschaftswissenschaften.

Die Reihe wendet sich an Praktiker und Wissenschaftler gleichermaßen und soll insbesondere auch Nachwuchswissenschaftlern Orientierung geben.

Michael Fleige

Direkte Methanisierung von CO$_2$ aus dem Rauchgas konventioneller Kraftwerke

Experimentelle Untersuchung und Verfahrensaspekte

Mit einem Geleitwort von Prof. Dr. D. Schmeißer

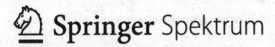 Springer Spektrum

Michael Fleige
Nano-Science Center der Universität
Kopenhagen, Dänemark

BestMasters
ISBN 978-3-658-09224-5   ISBN 978-3-658-09225-2 (eBook)
DOI 10.1007/978-3-658-09225-2

Die Deutsche Nationalbibliothek verzeichnet diese Publikation in der Deutschen Nationalbi-
bliografie; detaillierte bibliografische Daten sind im Internet über http://dnb.d-nb.de abrufbar.

Springer Spektrum

Gedruckt auf säurefreiem und chlorfrei gebleichtem Papier

Springer Fachmedien Wiesbaden ist Teil der Fachverlagsgruppe Springer Science+Business Media
(www.springer.com)

Geleitwort

Die vorliegende Veröffentlichung wurde von Herrn Fleige als Masterarbeit mit dem Originaltitel „Die Sabatier-Reaktion unter Rauchgasbedingungen konventioneller Wärmekraftwerke: Experimentelle Untersuchung und Verfahrensaspekte" eingereicht und befasst sich mit dem derzeit hochaktuellen Themenfeld der Umwandlung von Kohlendioxd, CO_2, in nutzbare Wertstoffe, hier der Herstellung von Methan über die Sabatier Reaktion.

Gelingt es, CO_2 in nutzbare Chemikalien wie Brenn- oder Treibstoffe zu wandeln und teilweise zu recyceln, können die entsprechenden fossilen Energieträger wie zum Beispiel Erdgas oder Erdöl zumindest partiell ersetzt werden. Dies führt zu einer echten Reduzierung von CO_2-Emissionen aus fossilen Energieträgern und damit einem Beitrag zur Minimierung des Treibhausgases CO_2.

Jegliche Weiterverwertbarkeit des CO_2 hängt aus ökonomischer Sicht entscheidend von dessen Verfügbarkeit und dem Preis der Bereitstellung ab. In diesem Rahmen untersuchte Herr Fleige die direkte Umwandlung aus dem Rauchgas bei der Verbrennung fossiler Brennstoffe. Als neuartiger Ansatz erfolgt die stoffliche Umwandlung von CO_2 direkt am Ort seiner Entstehung, hier dem Kohlekraftwerk. Weitere Vorteile sind: Die direkte Umwandlung des CO_2 aus dem Rauchgas ohne vorige Abtrennung, die mögliche Nutzung von Prozesswärme durch die Integration in die Kraftwerkstechnologie, wobei jede gewandelte Einheit CO_2 eine echte Reduzierung der Kraftwerksemissionen darstellt. Zudem kann das Produkt Methan als chemischer Speicher dienen und zur Flexibilisierung des Kraftwerks mit bestehenden Verfahren (Gasturbinen oder zusätzliche Brennern) bei Lastschwankungen eingesetzt werden. Das Verfahren eignet sich zur Nachrüstbarkeit bei nahezu allen Kohle-Kraftwerken.

Nach einer kurzen Motivation stellt Herr Fleige die Ergebnisse einer gründlichen Recherche über die Zusammensetzung von Rauchgas aus Kraftwerken dar. Diese Recherche bildet die Grundlage für den Experimentellen Teil, in welchem er im Labormaßstab den „Proof of Principle" zeigt. Ein kritischer Bestandteil von Rauchgas aus konventionellen Kohlekraftwerken ist Sauerstoff. Dieser Anteil wurde variiert, es zeigt sich, dass durch die Knallgasreaktion dem Sabatierprozess der Wasserstoff entzogen wird, ohne wesentliche Temperaturerhöhung. Auch das Verhalten bei typischen Kontaminationen wie NO_2 und insbesondere SO_2 wird untersucht und damit die Anwendungsgrenzen der benutzten Katalysatoren ausgelotet.

Besonders hervorzuheben ist bei der vorgelegten Arbeit die Gründlichkeit in der Vorbereitung, Planung und Durchführung und insbesondere auch der Dokumentation der experimentellen Arbeiten. Die Ergebnisse der Arbeit sind für die Praxis und für die weitere Forschung von großer Bedeutung, daher wünsche ich der Arbeit eine breite Resonanz und eine interessierte Leserschaft

Prof. Dr. D. Schmeißer

Lehrstuhl Angewandte Physik II /
Sensorik der BTU Cottbus-Senftenberg

Profil des Lehrstuhls Angewandte Physik II / Sensorik der BTU Cottbus-Senftenberg

Der Lehrstuhl forscht intensiv auf dem Gebiet der katalytisch geführten CO_2-Nutzung. Die Überführung von CO_2 in technisch verwertbare Chemikalien wie Methan oder Methanol stellt ein derzeit hochaktuelles Forschungsfeld dar. Denn so könnte ein Beitrag zur Minimierung des Treibhausgases CO_2 geleistet werden. Die Umwandlung von CO_2 aus z.B. Kraftwerksemissionen würde ein Recycling darstellen, welches es erlauben würde, fossile Energieträger wie z.B. Erdgas oder Erdöl zumindest partiell zu ersetzen.

Für die Untersuchungen solcher Reaktionen steht dem Lehrstuhl der folgende Gerätepark zur Verfügung: Eine mobile Technikumsanlage für die Herstellung von Methan (CH_4) aus CO_2, eine Laboranlage für die Untersuchung neuer Katalysatoren für die Herstellung von CH_4 aus CO_2 sowie eine Laboranlage für die Untersuchung neuer Katalysatoren für die Herstellung von Methanol aus CO_2. Ziel ist unter anderem die CO_2-Wandlung ohne CCS, direkt aus dem Rauchgas von Kraftwerken und anderer CO_2-Quellen oder die Methanisierung als Pufferspeicher für die Netzentlastung.

Auch die Entwicklung edelmetallfreier Katalysatoren für neue Brennstoffzellsysteme ist Gegenstand der Forschungsarbeiten am Lehrstuhl. Dazu steht neben einem Brennstoffzellmessplatz für die Untersuchung neuer Katalysatoren auch eine Hochtemperaturbrennstoffzelle für die Rückverstromung von Methan zur Verfügung.

Ein weiteres wichtiges Forschungsfeld des LS APS stellen spektroskopische und spektromikroskopische Untersuchungen an Schichten und Schichtstrukturen dar. Ziel ist es dabei, Aufklärung über die elektronischen Eigenschaften und geometrischen Strukturen verschiedener Materialien; wie high-k Oxide, Metall- und Mischoxide, intermetallische Verbindungen (Fe/Al) und Legierungen, Halbleiter, leitende und halbleitende Polymere und Graphen zu erhalten.

Dafür stehen am Lehrstuhl die elektronenspektroskopischen Techniken XPS, UPS, WDX, resPES, EELS, AES und NEXAFS und die spektromikroskopische Abbildung mittels Photoelektronen (PEEM) zur Verfügung, wobei als Anregungsquellen Gasentladungslampen oder Röntgenquellen im Labor sowie hochbrillante Synchrotronstrahlung bei Bessy II genutzt werden können. Zusätzlich werden mikroskopische Untersuchungen (AFM, STM, optisch) zur Strukturaufklärung dieser Materialien eingesetzt.

Die Untersuchungen dieser Materialien sind wesentlich für ihre Nutzung in Solar- und Brennstoffzellen, Feldeffektbauelementen, Sensoren und in der Katalyse sowie in anderen materialwissenschaftlichen Zweigen wie z.B. der Autoindustrie.

Vorwort

Die vorliegende Masterarbeit enstand am Lehrstuhl Angewandte Physik II/Sensorik der Brandenburgischen Technischen Universität Cottbus-Senftenberg; zum Zeitpunkt der Abfassung Brandenburgische Technische Universität Cottbus.

Herrn Prof. Dr. rer. nat. habil. Schmeißer, Leiter des Lehrstuhls und erster Gutachter der Arbeit, danke ich sehr herzlich für die Stellung des Themas und die wertvollen Ratschläge während der Bearbeitung. Auch möchte ich mich für die Möglichkeit zur Teilnahme an einer wissenschaftlichen Tagung bei ihm bedanken.

Bei Herrn Prof. Dr.-Ing. Schnitzlein, Leiter des Lehrstuhls für Chemische Reaktionstechnik, bedanke ich mich für die Übernahme der Zweitbegutachtung. Des Weiteren möchte ich mich bei ihm für die sehr hilfreichen Ratschläge zu den experimentellen Untersuchungen bedanken.

Mein besonderer Dank gilt Dr. Klaus Müller für die unmittelbare, fachliche Betreuung der Arbeit.

Allen Arbeitskollegen am Lehrstuhl, die mir mit Erklärungen und Einführungen in die Technik geholfen haben, danke ich sehr herzlich.

Sehr bedanken möchte ich mich auch bei Herrn Dr.-Ing. Wagdi Garkas für die gemeinsame Erstellung der rasterelektronenmikroskopischen Aufnahmen.

Größter Dank gilt meinen Eltern.

Kopenhagen, November 2014   Michael Fleige

Inhaltsverzeichnis

Abkürzungsverzeichnis

Abkürzung	Bedeutung
Ad	Additiv (Zusätzliches Gas)
AISI	American Iron and Steel Institute
BImSchV	Bundesimmissionsschutzverordnung
bzgl.	bezüglich
bzw.	beziehungsweise
DVGW	Deutscher Verein des Gas- und Wasserfachs e.V.
DSKW	Druckluftspeicherkraftwerk
E-PRTR	European Pollutant Release and Transfer Register (Europäisches Schadstofffreisetzungs- und Verbringungsregister)
FIR	Flowmetering, Indication and Registration (Durchflussmesser mit Anzeige- und Registrierfunktion)
FWHM	Full width at half maximum (Halbwertsbreite)
ggf.	gegebenenfalls
GHSV	Gas hourly space velocity (Raumgeschwindigkeit)
GuD	Gas-und-Dampfturbinen(-Kraftwerk)
IR	Infrarot
KWK	Kraft-Wärme-Kopplung
MBE	Messbereichsendwert

m.E.	meines Erachtens
MFC	Mass Flow Controller (Massendurchflussregler)
MVA	Thermische Abfallbehandlungsanlage / Müllverbrennungsanlage
PM-10	Particulate Matter <10μm (Feinstaub mit Partikeldurchmessern <10μm)
PR	Pressure Registration (Druckmesser mit Registrierfunktion)
zzgl.	zuzüglich

Abbildungsverzeichnis

Tabellenverzeichnis

1. Einleitung

In einem Energiesystem mit hohen Anteilen regenerativer Energie könnten umweltfreundlich gewonnener Wasserstoff (H_2) und Kohlendioxid (CO_2) zur katalytischen Synthese von Methan (CH_4) herangezogen werden. Die schon vor über 100 Jahren von Sabatier und Senderens beschriebene und nach ersterem benannte Sabatier-Reaktion

$$CO_2 + 4H_2 \rightleftarrows CH_4 + 2H_2O \qquad \Delta H_R^\circ = -165kJ/mol, \qquad (1.1)$$

erfährt in jüngster Zeit aus diesem Grund verstärktes Interesse. Hintergrund dieser Überlegungen ist die Möglichkeit, volatil anfallende, regenerative Stromerzeugungsleistung durch regenerativ gewonnenen Wasserstoff zu verstetigen. Eng verknüpft damit sind aber Bedenken, die bestehende Energieinfrastruktur um eine Wasserstoffwirtschaft zu erweitern. Mit einer weitergehenden Methanisierung könnte die bestehende Erdgasinfrastruktur und die darauf beruhenden Energiewandlungsprozesse genutzt werden. Eine weitere Schnittmenge ergibt sich aus erkennbaren Bestrebungen, CO_2 als Synthesebaustein für stoffliche oder energetische Nutzungen zu aktivieren und den enthaltenen Kohlenstoff so als Ressource in den Wirtschaftskreislauf zurückzuführen.

Der Lehrstuhl Angewandte Physik II/Sensorik der Brandenburgischen Technischen Universität Cottbus wird im Rahmen der gemeinsamen Förderinitiative „Energiespeicher" der Bundesministerien für Wirtschaft und Technologie, für Umwelt, Naturschutz und Reaktorsicherheit sowie für Bildung und Forschung ein Verbundprojekt zusammen mit der Vattenfall Europe Generation AG und der Panta Rhei gGmbH zur Methanisierung von CO_2 aus dem Rauchgas durchführen. Der Projektbeginn ist der 01.05.2013. Neben konventionellen Kraftwerken verfügt der Projektpartner Vattenfall am Standort Schwarze Pumpe zudem über eine Demonstrationsanlage für die Oxyfuel-Technologie (Verbrennung von Kohle mit hochkonzentriertem Sauerstoff), sodass die Methanisierung in Rauchgasen von geringer CO_2-Konzentration bis hin zu hochkonzentrierten CO_2-Strömen untersucht werden kann. Der Arbeitsplan des Projekts umfasst unter anderem die Untersuchung der Sabatier-Reaktion unter Rauchgasbedingungen bzw. die Suche nach Methanisierungs-Katalysatoren, die unter diesen Bedingungen vielversprechende Leistungen zeigen könnten. Zusätzlich soll eine mobile Technikumsanlage entwickelt werden, um diese Untersuchungen direkt am Standort der Rauchgasquelle unter realen Bedingungen durchführen zu können. Es handelt sich hierbei hinsichtlich der CO_2-Quellen um meinen völlig andersartigen Ansatz als bisherige, teilweise schon halbkommerziell entwickelte Methanisierungskonzepte, die vornehmlich auf hoch konzentriertes CO_2 z.B. aus Biomethananlagen abzielen.

In diesem Kontext sollten in der hier vorgelegten Arbeit bereits einige wesentliche Grundlagen zur Methanisierung in Rauchgasen zusammen getragen werden. Es wurde zunächst die generelle Zusammensetzung von Rauchgasen unterschiedlicher Brennstoffe aus der Literatur ermittelt. Ebenso wurden typische Konzentrationen von Schadstoffen in gereinigten Kraftwerksrauchgasen anhand von Daten aus einem Schadstoffemissionsregister recherchiert und diese mit bestehenden gesetzlichen Anforderungen zur Luftreinhaltung verglichen. Der Fokus lag hierbei auf dem Sauerstoffgehalt, der sich nach der Verbrennungsreaktion im Rauchgas einstellt, sowie auf den Konzentrationen der Schadstoffe SO_x und NO_x. Im zweiten Teil der Arbeit werden Methanisierungsexperimente mit einem kommerziell erhältlichen Nickelmonooxid-Katalysator in simulierten Rauchgasatmosphären präsentiert, die sich an den zuvor ermittelten Konzentrationen gereinigter Abgase orientierten. Hier ist der Schadstoff SO_x von größter Bedeutung, da Schwefelverbindungen als potente Katalysatorgifte für Nickelkatalysatoren bekannt sind und diese irreversibel schädigen können. Im Hinblick auf das geplante Verbundprojekt ist eine Frage, welche Methanisierungsleistungen mit einem Standardmaterial für die Methanisierung (Nickelkatalysator) unter Praxisbedingungen zu erreichen sind bzw. wie sich die Katalysatorstabilität unter diesen Bedingungen verhält. Dieses Problem wurde anhand längerer Messungen (bis zu 100h) unter definierten Bedingungen untersucht. Ein weiteres Augenmerk wurde auf die Prozessbedingungen (Druck, Temperatur) sowie den pH-Wert des gebildeten Kondensats gelegt.

In einer abschließenden, kritischen Analyse wird die Umsetzbarkeit von Methanisierungsprozessen unter den getesteten Bedingungen bewertet und auch diskutiert, welche Verwertungsmöglichkeiten für ein methanhaltiges Gasgemisch bestehen könnten, das aus der Methanisierung im Rauchgas erhalten wird. Im Ausblick der Arbeit wird zusammengefasst, wo weitere Untersuchungen ansetzen könnten und welche Verbesserungsmöglichkeiten für den Katalyseversuchsstand des Lehrstuhls speziell im Hinblick auf Experimente an Rauchgasen bestehen.

1.1 Der Power-to-Gas-Ansatz

Die als Speicheransatz für elektrische Energie viel diskutierte Synthese von Methan aus regenerativ gewonnenem Wasserstoff und Kohlendioxid ist unter dem Anglizismus „Power-to-Gas" (Strom zu Gas) ein verbreitet anzutreffender Begriff. Dass eine solche Synthese neben der Nutzbarkeit der gut ausgebauten Erdgasinfrastruktur durch Methan weitere Vorteile gegenüber reinen Wasserstoffanwendungen bietet, zeigt ein Vergleich der beiden Stoffe. In Tabelle 1.1 sind einige wichtige Stoffeigenschaften von Wasserstoff und Methan gegenübergestellt.

Tabelle 1.1: Vergleich von wichtigen physikalischen Kennwerten von Wasserstoff und Methan (Cerbe, 1992: S.28, S.49)

			Wasserstoff	Methan
Dichte im Normzustand	ρ_n	kg/m^3	0,08988	0,7175
Heizwert	H_i	MJ/m^3	10,783	35,882
Maximale Flammengeschwindigkeit	μ_{max}	cm/s	346	43
untere Zündgrenze in Luft	c_{Zu}	$Vol-\%$	4,1	5,1
obere Zündgrenze in Luft	c_{Zo}	$Vol-\%$	72,5	13,5
Verbrennungstemperatur in Luft*	t_{max}	$°C$	2.086	1.922
*bei stöchiometrischer Verbrennung				

Aufgrund der sehr geringen Dichte von Wasserstoff ist sein volumenbezogener Heizwert etwa dreifach geringer als der von Methan. Dies ist insbesondere in mobilen Anwendungen ein Hemmnis für Wasserstoff, da sehr hohe Drücke für die gasförmige Speicherung von Wasserstoff nötig sind. Methan kann zudem in technisch ausgereiften Erdgasverbrennungsmotoren problemlos eingesetzt werden.

Von einem echten Speicheransatz kann man m.E. allerdings nur dann sprechen, wenn die chemische Energie zur Rückverstromung eingesetzt werden soll, um die fluktuierende regenerative Stromerzeugung zu verstetigen. Eine Rückverstromung gespeicherten Brenngases in Gas-und-Dampfturbinen-Kraftwerken (GuD) ist nach heutiger Sachlage die effizienteste, technisch ausgereifte Lösung. Der elektrische Wirkungsgrad von GuD-Kraftwerken erreicht in den modernsten Anlagen 60%.[1]

Mit heutiger Gasturbinentechnik ist Wasserstoff allerdings nicht uneingeschränkt nutzbar. Die Firma Siemens, welche an Turbinen für die Nutzung von Wasserstoff forscht, fasst einige Gründe hierfür zusammen (Siemens 2013). Da die Ausbreitungsgeschwindigkeit der Flamme in Luft um fast eine Größenordnung höher als bei Methan ist, sei die Flamme größer als bei Methan. In Kombination mit der ebenfalls erhöhten Verbrennungstemperatur sei es schwieriger, mit Wasserstoffverbrennung in Luft eine emissionsarme Energieumwandlung zu bewerkstelligen. Die NO_x-Emissionen, welche durch Erhöhung der Temperatur steigen, stehen hierbei im Fokus. Die Verbrennung mit reinem Sauerstoff sei diesbezüglich nur theoretisch eine Alternative. Die Temperaturen erreichten dann $\approx 3.000°C$. Für solche hohen Temperaturen existieren keine Werkstoffe. Schon bei heutigen, mit Erdgas betriebenen Gasturbinen, ist eine Kühlung auf verträgliche Temperaturen erforderlich.

In konventionellen Gasturbinen sollen die tolerierbaren H_2-Konzentrationen laut einer Herstellerumfrage der deutschen Fernleitungsnetzbetreiber 1-5Vol-%, in Einzelfällen 10Vol-% betragen (Die Fernleitungsnetzbetreiber 2012)[2]. Methansynthesen nach der Sabatier-Reaktion könnten das Problem der nur teilweise gegebenen Toleranz von Gasturbinen gegenüber Wasserstoff umgehen, wenn die Aufnahmekapazität für Wasserstoff in der Stromerzeugung ausgeschöpft ist.

---

[1]   Gas-und-Dampfturbinen-Kraftwerk Irsching 4, Betreiber: E.ON Kraftwerke GmbH
[2]   Die Fernleitungsnetzbetreiber setzen ihrerseits Gasturbinen in den Verdichterstationen entlang der Übertragungsleitungen ein.

2. Katalytische Methanisierung in Kraftwerksrauchgasen

2.1 Heterogen katalysierte Methanisierungsreaktionen

Die stark exotherme Methanisierung von Kohlenmonoxid (CO) mit Wasserstoff ist die Umkehr der Dampfreformierung von Methan mit Wasser. Die Methanisierung

$$CO + 3H_2 \rightleftarrows CH_4 + H_2O \qquad \Delta H_R^\circ = -206 kJ/mol, \qquad (2.1)$$

läuft z.B. bei der Kohlevergasung als Folgereaktion der endothermen, heterogenen Wassergasreaktion

$$C + H_2O \rightleftarrows H_2 + CO \qquad \Delta H_R^\circ = +115 kJ/mol, \qquad (2.2)$$

in der Gasphase ab bzw. wird gezielt genutzt, wenn synthetisches Erdgas aus Kohle erzeugt werden soll (van Heek 1977, S. 50). Durch Nickelkatalysatoren heterogen katalysiert wird die Methanisierung von CO zudem großtechnisch bei der Ammoniakproduktion genutzt, um den CO-Gehalt im Synthesegas zum Schutz der Eisen-Katalysatoren für die Ammoniaksynthese auf bis zu 5ppm zu senken (Bartholomew, Farrauto 2006, S. 370). Auch für Platin-Katalysatoren in Anoden von Brennstoffzellen stellt CO im Reformgas ein Problem dar und es wird an optimierten Methanisierungskatalysatoren für CO-Entfernung geforscht. Die parallel ablaufende Methanisierung von CO_2 im Reformgas nach der eingangs bereits genannten Sabatier-Reaktion

$$CO_2 + 4H_2 \rightleftarrows CH_4 + 2H_2O \qquad \Delta H_R^\circ = -165 kJ/mol, \qquad (2.3)$$

zu unterdrücken, ist hierbei aufgrund des zusätzlichen Wasserstoffkonsums das Ziel (Zyryanova u. a. 2010, S. 907). Als eine gezielte Möglichkeit, die Sabatier-Reaktion einzusetzen, wird neben dem hier thematisierten Speicheransatz für elektrische Energie auch der Einsatz in der Kohlevergasung zu synthetischem Erdgas gesehen, um die Gasausbeute zu erhöhen (Hwang u. a. 2012, S. 860).

2.2   Katalysatorstabilität

Katalysatoren sind im unterschiedlichen Maße Desaktivierungsprozessen unterworfen, die die mögliche Anzahl katalytischer Zyklen real begrenzen. Allgemein üben diese Prozesse einen großen Einfluss auf die Eignung eines Katalysators für einen bestimmten Anwendungsfall aus. Wesentliche Faktoren sind

- die Chemisorption von Fremdstoffen im Reaktionssystem an katalytisch aktiven Zentren (Katalysatorvergiftung),

- die Bedeckung von katalytischen Oberflächen bzw. Verblockung von Porenvolumen durch Ablagerungen wie z.B. Koks,

- Übertritt von metallischen Katalysatoren in die Gasphase,

- thermisches Sintern.

Die Vorgänge werden im Folgenden speziell für Nickelkatalysatoren diskutiert, da diese für die Methanisierung nach Durchsicht der Literatur häufig eingesetzt werden und auch in dieser Arbeit ein Nickelkatalysator untersucht wird. Die nachfolgenden Informationen wurden sämtlich einem zusammenfassenden Kapitel zur Katalysatordesaktivierung in (Bartholomew, Farrauto 2006, S. 260-283) entnommen.

Das thermische Sintern meint das Partikelwachstum von metallischen Kristalliten, u.a. angetrieben durch steigende Temperatur, welche die Mobilität von Atomen und Kristalliten steigert. Für Ni/SiO_2-Trägerkatalysatoren (13,5wt-% Nickel) wurden von Bartholomew und Mitarbeiten Messungen präsentiert, die bereits für 650°C über 50h einen Verlust an aktiver Oberfläche von $\approx$ 30% belegten (gemessen an der Adsorption von H_2). Als ein weiteres bekanntes Problem beschreiben die Autoren die Bildung gasförmigen Nickeltetracarbonyls ($Ni(CO)_4$) bei Temperaturen <300°C in Kohlenmonooxidhaltiger Atmosphäre. Dieser Übertritt von Nickel in die Gasphase kann den direkten Austrag aus dem Reaktor bewirken oder durch erneute Abscheidung der Moleküle ebenfalls zum Sintern beitragen. Zudem gilt Nickeltetracarbonyl als hochtoxisch für den menschlichen Organismus.

Sehr großen Einfluss auf die Stabilität von Nickelkatalysatoren hat die Vergiftung durch Schwefelverbindungen wie Schwefelwasserstoff (H_2S). In der folgenden Abbildung 2.1 wird die von Bartholomew und Mitarbeitern gemessene Abnahme der Methanisierungsaktivität verschiedener metallischer Katalysatoren durch Vergiftung mit H_2S dargestellt.

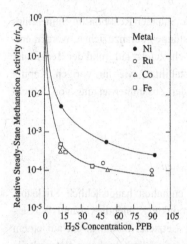

Abbildung 2.1: Relative Methanisierungsaktivitäten im Gleichgewichtszustand für Nickel (Ni), Cobalt (Co), Eisen (Fe) und Ruthenium (Ru) in Abhägingkeit der Konzentration von H_2S in der Gasphase. Reaktionsbedingungen: 100 kPa; 400°C; 1% CO/99% H_2 für Cobalt, Eisen und Ruthenium; 4% CO/96% H_2 für Nickel (Bartholomew u.a. 1981, S. 208)

Dargestellt ist die relative Methanproduktionsrate bezogen auf die Produktionsrate mit frischem Katalysator als Funktion der H_2S-Konzentration. Die Daten zeigen, dass die Aktivität von Nickelkatalysatoren durch H_2S bereits in Konzentrationen von 15-100ppb um 3 bis 4 Größenordnungen abnimmt. Das bedeutet vollständige Vergiftung durch Schwefelwasserstoff. Die Autoren geben die Reihenfolge H_2S > SO_2 > SO_4^{2-} für die Toxizität von Schwefelverbindungen an, wonach die Katalysatorvergiftung durch SO_2, dessen Schwefelatom teilweise durch Sauerstoff abgeschirmt ist, weniger stark ausfalle als bei H_2S.

Für die Verblockung von Katalysatoroberflächen durch Kohlenstoffablagerungen kommen sehr viele verschiedene Parameter in Betracht. Das Vorhandensein von polymeren Kohlenwasserstoffen, die Reaktionstemperatur oder auch das CO/H_2-Verhältnis im Reaktionssystem werden hierfür von den Autoren als wichtige

Größen genannt. Aufgrund der Vielzahl der möglichen Mechanismen, wird auf eine weitergehende Recherche an dieser Stelle verzichtet.

2.3   Randbedingungen von Kraftwerksrauchgasen

Die Möglichkeiten, Kraftwerksrauchgase für die Sabatier-Reaktion im Sinne eines Speicherkonzepts fluktuierender Elektrizitätsleistungen heranzuziehen, werden entscheidend von deren Qualität beeinflusst sein, nicht zuletzt aufgrund der Bedeutung von Schwefelemissionen für die Katalysatorstabilität, wie im vorigen Kapitel herausgearbeitet wurde. Daher wird zunächst der Zusammensetzung von Rauchgasen ein tiefergehender Blick gewidmet.

2.3.1   Generelle Zusammensetzung von Rauchgasen

Rauchgase konventioneller Wärmekraftwerke enthalten hauptsächlich Stickstoff aus der Verbrennungsluft, die Verbrennungsprodukte Kohlendioxid und Wasserdampf aber auch nicht umgesetzten Sauerstoff. Letzterer beruht direkt auf einem Überschuss an Verbrennungsluft, der für die Oxidation der brennbaren Bestandteile eigentlich nicht benötigt wird. Für technische Feuerungen wird dies in der Luftzahl n angegeben. In Worten formuliert lautet die Gleichung

$$ n = \frac{tats\"achlich\ zugef\"uhrter\ Luftmengenstrom}{theoretisch\ erforderlicher\ Luftmengenstrom}. \tag{2.4} $$

Auf die Luftzahl wird in (2.3.2) noch detaillierter eingegangen.

Die Tabelle 2.1 gibt einen Überblick über typische Konzentrationen der Hauptkomponenten feuchter Rauchgase abhängig vom eingesetzten Brennstoff und der gefahrenen Luftzahlen.

Tabelle 2.1: Zusammensetzung feuchter Rauchgase für verschiedene Brennstoffe und durchschnittliche Luftzahl n (Bernstein 2007, S.587–590); Verhältnisse von Stickstoff und Sauerstoff zu Kohlendioxid

Brennstoff	Bestandteile des feuchten Rauchgases (Vol-%)						Verhältnis		n
	CO_2	H_2O	O_2	N_2	NO_2	SO_2	N_2/CO_2	O_2/CO_2	
Braunkohle	11,6	18,9	4	65,3	0,05	0,35	5,6	0,34	1,3
Steinkohle	14,1	3,8	4,7	77,3	0,2	0,15	5,5	0,33	1,3
Heizöl	12,9	10,2	1,8	75	0,1	0,1	5,8	0,14	1,1
Erdgas	8,8	17,1	1,7	72,1	0,07	0	8,2	0,19	1,1

Wie der Tabelle zu entnehmen ist, gibt es gewisse Unterschiede in der generellen Zusammensetzung von Rauchgasen. Für Kohle- und Heizölrauchgase ist das Verhältnis $N_2/CO_2 \approx 5:1$ bis $6:1$. Im Fall von Erdgas, das der kohlenstoffärmste fossile Energieträger im Vergleich ist (das C/H-Verhältnis im Brennstoff ist hier mit $1:4$ minimal), findet sich am wenigsten CO_2 im Rauchgas, daher ist $N_2/CO_2 \approx 8:1$ und somit maximal im Vergleich der Energieträger. Das Verhältnis O_2/CO_2 ist bei Heizöl am geringsten. Es kann mit relativ geringer Luftzahl von $n = 1,1$ verbrannt werden. Der CO_2-Anteil ist im Vergleich zu Erdgasrauchgasen, welche an zweiter Stelle folgen, aufgrund des größeren C/H-Verhältnisses (langkettige Kohlenwasserstoffe) bei gleicher Luftzahl größer. Rauchgase von Stein- und Braunkohle liegen bezüglich des CO_2-Anteils etwa gleich auf. Anhand der O_2/CO_2–Verhältnisse von $\approx 0,33$ wird deutlich, dass diese pro O_2-Molekül nur etwa 3 CO_2-Moleküle enthalten.

2.3.2 Restsauerstoffgehalt

Aus dem minimal erforderlichen Sauerstoffbedarf zur Verbrennung der oxidierbaren Hauptbestandteile eines Brennstoffs Kohlenstoff, Wasserstoff und Schwefel leitet sich der theoretisch zuzuführende Luftmengenstrom ab, welcher in realen Feuerungen mit einem Aufschlag an Luft versehen werden muss, um einen optimalen Ausbrand zu erreichen (Bernstein 2007, S.587). Die Luftzahl n, welche dies ausdrückt, wurde bereits in (2.3.1) definiert. Optimaler Ausbrand dient dem möglichst wirtschaftlichen Einsatz der Brennstoffe sowie der Minimierung von

Kohlenstoffmonoxid-Bildung durch örtlich unterstöchiometrische Verhältnisse. Der Luftüberschuss hat aber kraftwerkstechnische Nachteile. Zusätzliche aufzu-heizende Luftmassen bewirken eine Absenkung der Rauchgastemperatur und folglich eine Absenkung des erzielbaren Wirkungsgrads der Anlage. Auch erfor-dern größere Rauchgasvolumina eine größere Dimensionierung der nachgeschal-teten Rauchgasreinigungsanlage. Die Annäherung an $n = 1$ wird somit angestrebt, es sind dem aber Grenzen gesetzt. Brenngase sowie von der Flamme verdampfte flüssige Brennstoffe verbrennen in einer homogenen Gasphasenreaktion und kön-nen sehr gut turbulent mit der Verbrennungsluft durchmischt werden. Mit diesen Brennstoffen gelingt die Annäherung an $n = 1$ am besten (vgl. Tabelle 2.1).

Gasturbinen und somit auch die weit verbreiteten konventionellen Gas- und Dampfturbinenkraftwerke (GuD) arbeiten allerdings entgegen der in Tabelle 2.1 angegeben geringen Luftzahl ($n = 1,1$) mit einem Vielfachen dessen, weil zusätz-liche Kühlluft zum Schutz der heißen Turbinenteile zugeführt werden muss, welche gar nicht an der Verbrennung teilnimmt. Ein Bereich von $n \approx 2,5\text{-}3,5$ kann nicht unterschritten werden (Sattelmeyer 2010, S. 401). In der Folge beträgt der Rest-sauerstoffgehalt im Rauchgas etwa 15%. Heizöl kann ebenfalls in Gasturbinen verstromt werden. In diesem Fall gilt für den Restsauerstoffgehalt von Heizöl-rauchgasen das Gleiche. Die in (2.3.1) diskutierten, vorteilhaften O_2/CO_2-Verhäl-tnisse von Erdgas- und Heizölrauchgasen treffen dementsprechend für die konven-tionellen Turbinenkraftwerke nicht zu. Es existieren auch GuD-Konzepte mit Nachfeuerung von Erdgas, welche den verbleibenden Restsauerstoff im Turbinen-rauchgas nutzen, um in einer zweistufigen Verbrennung die Rauchgastemperatur für den Dampferzeuger anzuheben (Doležal 2001, S. 141ff). Der zitierte Autor erwähnt aber auch, dass nur ein Teil des Sauerstoffs genutzt werden könne, da die Abgaskanäle im Bereich der Brenner ungekühlt ausgeführt werden.

Zusätzlich sei angemerkt, dass die in Tabelle 2.1 gezeigten Daten für die generelle Zusammensetzung von Rauchgasen als Werte nach dem Kessel zu verstehen sind, da die in der Tabelle geführten Schwefeldioxidkonzentrationen nicht zu gesetz-lichen Anforderungen an gereinigte Rauchgase konform sind (vgl. 2.3.3). Je nach Kraftwerkstyp ist aber noch mit einer leichten Zunahme des Restsauerstoffgehalts zu rechnen, hervorgerufen durch allgemeine Falschlufteinträge in die Rauchgas-reinigungsanlage sowie Lufteinträge bei der Injektion von Trockensorptionsmitteln (z.B. Kalkhydrat zur Entfernung saurer Gasbestandteile) und der Druckstoß-abreinigung der Gewebefilter. Ähnliches gilt für den Wasserdampfgehalt, der z.B.

durch den Einsatz von Sprühtrocknern, Verdampfungskühlern und Wäsche-systemen ansteigen kann.

2.3.3 Luftschadstoffe in Rauchgasen

Abhängig von der Beschaffenheit des eingesetzten Brennstoffs, der Feuerung und der Verbrennungsführung kann eine Vielzahl weiterer gasförmiger und partikulärer Bestandteile auftreten, die als Luftschadstoffe klassifiziert sind. Unter diesen nehmen Kohlenmonoxid (CO), Stickstoffoxide (NO_x), Schwefeldioxid (SO_2) sowie die Stäube eine herausragende Stellung ein. Auch Emissionen von Quecksilber (Hg) stehen in besonderem Fokus.

Für Kraftwerke >50 MW_{th} Feuerungswärmeleistung werden Emissionsgrenzwerte für die Luftschadstoffe hierzulande durch die 13. Verordnung zur Durchführung des Bundes-Immissionsschutzgesetzes (13. BImSchV) festgelegt. Thermische Abfallbehandlungsanlagen (MVA) werden weit verbreitet als Heizkraftwerke mit Strom- und Wärmeauskopplung betrieben und können somit in die Betrachtung thermischer Kraftwerke einbezogen werden. Für diese gilt die 17. BImSchV. In Tabelle 2.2 sind entsprechende Emissionsgrenzwerte der angesprochenen Schadstoffe aufgelistet.

Tabelle 2.2: Emissionsgrenzwerte für feste, flüssige und gasförmige Brennstoffe und Abfallbehandlungsanlagen; Tagesmittelwerte in mg/m³ (13. BImSchV, 2012; 17. BImSchV, 2009)

BImSchV	Brennstoffe, Anlagenklasse	Bezugs-O_2 (Vol-%)	Grenzwerte als Tagesmittelwerte (mg/m³)				
			CO	NO /NO_2[1]	SO_2 /SO_3[2]	Gesamt-staub	Hg
13.	feste, >100MW$_{th}$	6	200	200	200	20	0,03
	flüssige, 100-300MW$_{th}$	3	80	200	400-200	20	-
	gasförmige[3], >300MWt$_h$	3	50	100	-	-	-
	Gasturbinenanlagen, η_{KWK}>75[4]	15	100	75	-	-	-
17.	Abfallbehandlung	11	50	200	50	10	0,03

[1]angegeben als NO_2, [2]angegeben als SO_2 [3]Gase der öffentlichen Gasversorgung, [4]Anlagen, die in Kraft-Wärme-Kopplung (KWK) betrieben werden und mindestens 75% Gesamtwirkungsgrad aufweisen müssen

Die dargestellten Grenzwerte kommen bei Errichtung neuer Anlagen zum Tragen. Sie werden auf definierte Restsauerstoffgehalte im trockenen Abgas (Spalte Bezugs-O_2) bezogen. Dies verfolgt das Ziel, das unzulässige Erreichen der Grenzwerte durch Verdünnung des Rauchgases bei zu hohen Emissionskonzentrationen auszuschließen. Überschreitet der Sauerstoffgehalt den Bezugssauerstoffgehalt, ist umzurechnen. Für die Katalyse ist der Schwefeldioxidgehalt von besonderem Interesse, nachdem Schwefelverbindungen als Katalysatorgifte bekannt sind. Für Erdgasfeuerungen gelten keine SO_2-Grenzwerte. Aufbereitetes Erdgas enthält an Schwefelverbindungen Schwefelwasserstoff (H_2S), Carbonylsulfid (COS) und Mercaptane in geringen Konzentrationen. In der aktuell in Bearbeitung befindlichen Neufassung des Arbeitsblatts G 260 „Gasbeschaffenheit" des Deutschen Vereins des Gas- und Wasserfachs e.V. (DVGW 2013, S. 12) wird der Gesamtgehalt an Schwefelverbindungen einschließlich Odoriermittel auf 8mg/m^3 begrenzt. Ein Vergleich mit im Internet vielfach zugänglichen Gasbeschaffenheitsanalysen der kommunalen Versorger zeigt aber, dass Werte unter 1mg/m³ durchaus üblich sind. Entsprechend in sich limitiert sind SO_2-Emissionen von Gaskraftwerken. Da Gas aschefrei ist, gilt selbiges für Staub. Staubpartikel können durch Belegung von Oberflächen potentiell katalytische Oberflächen blockieren. Stäube sind Träger von fest vorliegenden Metallverbindungen. In den Immissionsschutzverordnungen werden für feste (außer Kohle) und flüssige Brennstoffe ebenfalls Emissionsgrenzwerte für die Metalle mit den Elementsymbolen Cd, Tl, Sb, As, Pb, Cr, Co, Cu, Mn, Ni, V, Sn und ihrer Verbindungen definiert, auf die an dieser Stelle nicht weiter eingegangen wird. Die Berücksichtigung dieser Substanzen in den einschlägigen Verordnungen zeigt aber, dass neben den Hauptluftschadstoffen eine Fülle weiterer, mit dem Katalysatormaterial potentiell chemisch wechselwirkender, Verbindungen in Rauchgasen vorkommen kann. Beispielsweise ist die Vergiftung von Nickelkatalysatoren für Hydrierreaktionen und die Methanisierung durch Arsen-Verbindungen (As) in der Literatur beschrieben (Hagen 1996, S.197) (Bartholomew, Farrauto 2006, S. 263).

Neben den zulässigen Maximalkonzentrationen wichtiger Schadstoffe in neuen Anlagen sind die tatsächlichen Verhältnisse bei bestehenden Anlagen von Interesse, einerseits im Hinblick auf den experimentellen Teil dieser Arbeit aber auch hinsichtlich einer möglichen Fokussierung auf einen bestimmten Kraftwerkstyp. Die Betreiber von Verbrennungsanlagen mit einer Feuerungswärmeleistung >50MW$_{th}$ sind verpflichtet, Emissionen bei Überschreitung festgelegter Schwellwerte an das Europäische Schadstofffreisetzungs- und Verbringungsregister

(E-PRTR) zu melden. Die Daten des nationalen Registers sind im Internet für jedermann zugänglich[3]. Aus diesem Datenbestand wurde eine Recherche durchgeführt. Die Berechnung der Schadstoffkonzentration erfolgte wie folgt:

$$\beta_i = \frac{m_i}{m_{CO_2} \cdot {}^1\!/_{\rho_{CO_2}} \cdot {}^1\!/_{y_{CO_2,tr}}} \cdot 10^6 \frac{mg}{kg} \qquad (2.5)$$

mit: β_i Konzentration der Komponente i im gereinigten Rauchgas in mg/m³

m_i gemeldeter Massenstrom der Komponente i in kg/a

m_{CO_2} gemeldeter Massenstrom von CO_2 in kg/a

ρ_{CO_2} Dichte von CO_2: 1,951kg/m³

$y_{CO_2,tr}$ CO_2-Gehalt im trockenen Rauchgas (Umrechnung der Konzentration im feuchten Rauchgas nach Tabelle 2.1

Abweichend von der Annahme des CO_2-Gehalts im Rauchgas entsprechend Tabelle 2.1 wurde für die untersuchten Erdgaskraftwerke, da diese gänzlich GuD-Kraftwerke sind, mit einem CO_2-Gehalt von 6% gerechnet. Bei Erdgaskraftwerken sind die SO_2-Emissionen offenbar kleiner als der meldepflichtige Schwellwert von 150t/a. Mit einer durchschnittlichen CO_2-Emission von 0,2kg/kWh$_{el}$ sowie einem SO_2-Emissionsfaktor von 1,79g/MWh$_{el}$ für Erdgaskraftwerke (Kubessa 1998, S. 173) konnte dennoch die SO_2-Konzentration im Abgas der GuD-Anlagen abgeschätzt werden. Ölkraftwerke haben kaum Bedeutung in der deutschen Stromerzeugung. Manche Anlagen werden als Reservekraftwerke vorgehalten, andere werden im Verbund mit Raffinerien betrieben und verbrennen diverse Produktionsrückstände der Raffinerie. Die veröffentlichten Emissionen können dann Gesamtemissionen des Raffineriebetriebs einschließlich Kraftwerks sein. Aufgrund dieser Faktoren wurde für diese Kraftwerke keine Berechnung durchgeführt. Insgesamt

---

[3]   In Deutschland werden die Emissionsdaten aus dem E-PRTR nach Berichtsjahren geordnet auf dem Internetauftritt www.thru.de veröffentlicht.

wurden von 15 Kraftwerken die spezifischen Emissionen berechnet. Die untersuchten Kraftwerke einschließlich Berichtszeitraum werden im Anhang B in einer Liste genannt.

Für die Abfallverbrennung beziehen sich die Angaben auf eine bereits veröffentlichte Recherche über 50 Anlagen (Löschau 2009, S. 30ff). Die Betreiber sind nach 17. BImSchV, §18 verpflichtet, einmal jährlich die Öffentlichkeit über ihre Emissionen zu unterrichten.

Die so gewonnenen Emissionsdaten sind in Tabelle 2.3 zusammengestellt. Die Konzentrationen werden zusätzlich zur Angabe in mg/m^3 nach den bekannten Umrechnungsbeziehungen auch in ppmv angegeben. Dargestellt ist die Spanne von Minima und Maxima.

Tabelle 2.3: Konzentrationsberechnungen für NO_2, SO_2 und Feinstaub in trockenen Rauchgasen ausgewählter Kraftwerke

Kraftwerke/Brennstoff	An-zahl	NO_x/NO_2		SO_x/SO_2[1]		Feinstaub/ PM-10
		(ppmv)	(mg/m³)	(ppmv)	(mg/m³)	(mg/m³)
Braunkohle Lausitz	3	100-111	114-220	50-88	144-250	3,1-6,7
Braunkohle Mitteldeutschland	3	92-141	180-278	91-184	260-530	4,0
Braunkohle Rheinland	3	89-98	175-193	18-38	53-109	3,8-5,0
Steinkohle	3	100-110	198-216	36-68	103-194	4,8-6,4
Erdgas-GuD	3	19-57	38-112	*0,36*	*1,05*	-
Abfallbehandlung/Ersatzbrennstoffe	50	14,7-91,8	29,8-186	0,014-9,7	0,04-27,3	0,01-2,6

[1] im Falle von Erdgas-GuD auf Basis von Emissionskennwerten berechnet (kursiv dargestellt)

Stickoxide (NO_x/NO_2) entstehen auf mehreren Wegen, unter anderem per se durch hohe Temperaturen in Gegenwart von Stickstoff und Sauerstoff. Mit Blick auf die ermittelten Stickoxid-Konzentrationen hatten die Kohlekraftwerke im Rahmen dieser Auswahl die größten Werte. Deutlich geringere Werte wurden bei Erdgas-GuD gefunden. Abfallbehandlungsanlagen weisen diesbezüglich die breiteste Spanne auf. Bei den SO_2-Konzentrationen besteht ein deutliches Gefälle. Die untersuchten mitteldeutschen Braunkohlekraftwerke weisen die höchsten SO_2-Konzentrationen im gereinigten Rauchgas auf. Die Werte liegen deutlich über den an neue Anlagen geknüpften Anforderungen (max. 200mg/m³). In Erdgas-basierten Rauchgasen ist mit <1ppmv SO_2 zu rechnen. Thermische Abfallbehandlungsanlagen müssen sehr leistungsfähige Rauchgasreinigungsanlagen betreiben, insbesondere zur Eliminierung der als hochtoxisch geltenden Dioxine und Furane, um die nicht kontinuierlich messbaren Schadstoffe zu jeder Zeit sicher abzuscheiden. In den adsorptiven Reinigungsstufen, welche häufig mit Aktivkoks als Adsorptionsmittel ausgeführt werden, wird auch SO_2 sehr effektiv abgeschieden, wie die sehr geringen Konzentrationen belegen. Tagesmittelwerte <1mg/m³ SO_2 im Reingas können in industriellen Festbettaktivkoksfiltern garantiert werden (Hemschemeier 1992, S. 117). Ein differenzierteres Bild gilt für Feinstaub mit <10μm Partikeldurchmesser (PM-10). Die Konzentrationen liegen bei der Abfallbehandlung teilweise drastisch unter denen von Kohlekraftwerken, teilweise aber auch in der gleichen Größenordnung. Insgesamt sind gereinigte Rauchgase aus Erdgaskraftwerken und Abfallbehandlungsanlagen hinsichtlich der drei Parameter NO_x, SO_x und Feinstaub die am wenigsten belasteten Stoffströme.

Emissionen von Metallverbindungen sowie anorganischen Säuren können nach gleicher Vorgehensweise wie oben beschrieben ermittelt werden, sofern diese an das Schadstoffregister übermittelt werden. Da sie nicht Gegenstand dieser Arbeit sind, wurde hierauf verzichtet.

Der für Katalysatoren besonders problematische Schwefelwasserstoff, welcher z.B. in gereinigten Biogasen noch in einer Konzentration von ≤3ppm vorhanden ist (Becker u. a. 2007, S. 99), kommt in der oxidierenden Atmosphäre heißer Rauchgase nicht vor.

3. Experimenteller Teil

In diesem Kapitel werden die experimentellen Ergebnisse der Arbeit gezeigt und diskutiert. Eine Beschreibung des Katalyseversuchsstands des Lehrstuhls einschließlich einer kritischen Betrachtung wesentlicher Komponenten dieses Aufbaus sowie eine Erläuterung der obligatorischen Kalibration der Messtechnik werden vorangestellt.

3.1 Beschreibung des Versuchsstands

Der Katalyseversuchsstand des Lehrstuhls wurde in vorangegangenen studentischen Arbeiten für Experimente zur Sabatier-Reaktion konzipiert und wird in Abbildung 3.1 schematisch gezeigt. Die eingesetzten Komponenten werden jeweils im Anhang A näher spezifiziert.

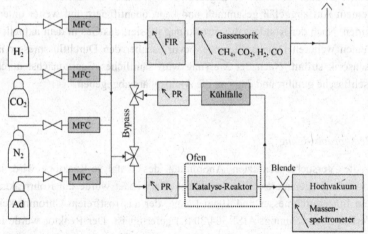

Abbildung 3.1: Schema des Katalyseversuchsstands

Der Versuchsstand ist auf Swagelok-Edelstahlrohrleitungen aufgebaut. Die Gasmischstation zur Dosierung der in Flaschen gelagerten Gase besteht (entgegen der Skizze) aus sechs verschiedenen Massendurchflussreglern (MFC) mit Regelbereichen von 10ml/min – 2800ml/min inkl. vom Rechner steuerbarer Magnetventile. Neben den Edukten H_2 und CO_2 können bspw. N_2 und andere Zusatzgase (Ad) eingeleitet werden. Nach Zusammenführen der Gasströme kann das Gemisch am Dreiwegehahn durch die Bypassleitung direkt über den Durchflussmesser (FIR) und die Gassensorik geführt werden, um eingestellte Werte für den Durchfluss zu prüfen. Der andere Fließweg führt durch den elektrisch beheizten Ofen und den darin befindlichen Reaktor. Davor ist ein piezoelektronischer Druckaufnehmer (PR) installiert, der die Daten an den Bedienrechner übermittelt. Nach dem Reaktor kann ein Teil des Gasstroms über eine Lochblende in eine Hockvakuumkammer geleitet werden, an das ein Quadrupol-Massenspektrometer angebaut ist. Die Blende dient der Druckstufung zum Vakuum. Die derzeit realisierte Blendenaus-führung mit einem Lochdurchmesser von 6μm ist in (Städter 2011, S. 33) detailliert beschrieben. Im Laufe der Arbeit vereitelten immer wiederkehrende Verstopfungen der Blende zunächst mit Feuchtigkeit und nach Installation einer Heizleitung mit Staub eine systematische Benutzung. Für die Auswertung der Ergebnisse wird sich aus dem gleichen Grund auf die Infrarot-Sensorik beschränkt. Nach der Blende wird der Gasstrom über die nachgeschaltete, thermostatisierte Kühlfalle abgeführt, die an einen Umlaufwasserkühler angeschlossen ist. Das anfallende Kondensat wird in einem Auffanggefäß gesammelt und kann quantifiziert und weiter untersucht werden. Nach der Kondensationstrocknung passiert das Gas in dem aktuellen Aufbau einen weiteren Druckaufnehmer, bevor es über den Durchflussmesser in die Gassensorik strömt. Nach der Messung wird sämtliches Gas zunächst durch eine Waschflasche geführt und dann an die Atmosphäre abgegeben.

3.1.1 Reaktoranordnung

Der für die Versuche benutzten Anordnung des Katalyse-Reaktors wird in Abbildung 3.2 ein genauerer Blick gewidmet. Verwendet wurde ein Rohrreaktor von 0,8cm Innendurchmesser und 10cm Länge, der aus rostfreiem Chromnickel-stahl (Werkstoffbezeichnung: AISI 304/304L) gefertigt ist. Der Reaktor wurde in dem elektrisch beheizten Röhrenofen in horizontaler Einbaulage mittig-zentriert montiert. Die horizontale Einbaulage war durch die horizontale Aufstellung des Ofens vorgegeben, ist aber von Nachteil, wie im Folgenden noch erörtert werden wird. Zur Erfassung der Reaktor- bzw. Reaktionstemperatur wurde bei jedem Versuch ein Thermosensor direkt im Reaktor platziert.

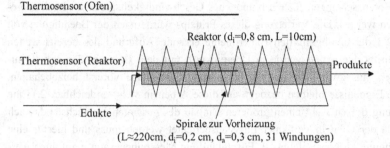

Abbildung 3.2: Schematische Darstellung der Reaktor-Anordnung

Mit einem weiteren Thermosensor konnte die direkt am Reaktor anliegende Ofen-temperatur erfasst werden. Der ankommende Gasstrom wird in der realisierten Anordnung zunächst zur Vorheizung durch eine Rohrspirale mit einer Rohrlänge von $\approx$ 220cm um den Reaktor geführt. Bei einem Eduktstrom von 100ml/min wird die Verweilzeit des Gases im Ofen vor Eintritt in den Reaktor dadurch um 4s verlängert und ca. 200cm² zusätzliche Wärmeaustauschfläche geschaffen. In einer Kontrolle wurde ein vollständiges Eduktgemisch in den Reaktor ohne Katalysator eingeleitet und so bestätigt, dass die Gase den Reaktor mit der anvisierten Temperatur erreichten.

Die in (3.3) beschriebenen Experimente wurden mit einem Katalysator-Festbett erzielt. Durch die horizontale Einbaulage des Reaktors kann sich teilweise oder über die gesamte Länge des Reaktors ein freier Spalt zwischen der Oberkante des Festbetts und der Reaktorinnenwand ausbilden, insbesondere, wenn die Partikel vor dem Einschrauben des Reaktors noch nicht ihre dichteste Packung angenommen haben. Bildet sich ein Spalt, besteht für den Gasstrom ein freier Weg minimalen Widerstands, der einen Leckstrom an Gas verursachen wird, welcher zwar den Reaktor durchströmt, aber nur unzureichend mit Katalysatormaterial in Kontakt kommt. Für wissenschaftliche Vergleichbarkeit von in solchen Anordnungen erzielten Ergebnissen ist es Standard, den Reaktor vertikal zu montieren und von oben zu durchströmen. Dadurch nehmen die Partikel zwangsläufig eine dichte Lagerung ohne die Ausbildung zusätzlicher, freier Randspalte ein, sodass wesentliche Voraussetzungen für ein homogenes Geschwindigkeitsprofil im Reaktor geschaffen werden. Die Verletzung dieses Prinzips wurde nach der Beendigung von etwa 2/3 der durchgeführten Experimente erkannt. Aufgrund des bereits weiten Fortschritts der Arbeit wurde in Übereinkunft mit dem Betreuer der Arbeit entschieden, aus zwei Gründen die horizontale Einbaulage vorerst beizubehalten. 1.) Die Ergebnisse bleiben bezogen auf diese Arbeit in sich vergleichbar. 2.) Eine Änderung dessen zieht einen größeren Umbau des gesamten Versuchstands nach sich, da der Ofen in vertikaler Lage ausgerichtet werden muss und hierfür eine Aufhängung zu konstruieren ist. Für zukünftige Messreihen kann empfohlen werden, dieses Problem zu bearbeiten.

3.1.2 Messgastrocknung

Nach dem Reaktor wurde sämtliches Produktgas über eine Kühlfalle geführt. Die Kondensationstrocknung erfolgt insbesondere zu dem Zweck, die Gassensorik vor kondensierendem Wasserdampf zu schützen. In dieser Arbeit war die Kühlfalle stets auf 2°C thermostatisiert. Unter Annahme der Kondensation als ein im Gleichgewicht befindlicher Prozess beträgt auch die Temperatur des Gases 2°C. Aus den weithin bekannten Tabellen für die Stoffwerte von Wasser kann der Sättigungsdampfdruck von Wasser bei gegebener Temperatur entnommen werden. Aus den Tabellen in (Verein Deutscher Ingenieure 2006, Blatt Dba4) wurde der Zwischenwert für den Sättigungsdampfdruck bei 2°C linear interpoliert und so zu 0,0072bar ermittelt.

Mit der z.B. in (Langeheinecke, Jany, Thieleke 2008, S. 162) hergeleiteten Gleichung für die absolute Feuchte von Luft

$$x_{L,W} = \frac{R_L}{R_W} \cdot \frac{\varphi \cdot p_{s,H_2O}}{p - \varphi \cdot p_{s,H_2O}} \left(\frac{kg_{H_2O}}{kg_{Luft}} \right) \tag{3.1}$$

mit: R_L Spezifische Gaskonstante von Luft: 287 J/(kg·K)

R_W spezifische Gaskonstante von Wasserdampf: 462 J/(kg·K)

φ relative Luftfeuchte (-) oder (%): bei Kondensation $\varphi = 1$

p Gesamtdruck des Gases (bar)

p_{s,H_2O} Sättigungsdampfdruck von Wasser (bar)

berechnet sich der Wassergehalt des Produktstroms nach der Kondensations-trocknung bei einem gemessenen Gesamtdruck von 1,03bar und dem Sättigungs-dampfdruck bei 2°C zu 0,00435kg/kg. Wird für den Gasstrom vereinfachend die Dichte von Luft angenommen, beträgt der Wasserdampfgehalt nach der Kühlfalle 5,615g/m³. Ausgedrückt in Volumenkonzentration ist der verbleibende Wasser-gehalt ca. 7000ppmv bzw. 0,7Vol-%. Da in dem methanisierten Gemisch neben N_2 hauptsächlich $H_2O(g)$ und CH_4, nicht aber O_2 vorliegt, ist die Berechnung mit der spezifischen Gaskonstante von Luft nicht ganz exakt. Ein Vergleich mit Literatur-werten zeigt aber, dass dies für diese einfache Betrachtung vernachlässigt werden kann. In (Cerbe u. a. 1992, S. 34) wird für gesättigte Gase eine absolute Feuchte von 5,56g/m³ bei 2°C angegeben.

Im Vergleich zum berechneten Wasserdampfanteil von 0,7Vol-% beträgt dieser bei einem typischen Experiment in dieser Arbeit nach dem Reaktor 19Vol-% (vgl. Anhang C). Anhand dieser vereinfachten Abschätzung werden somit vor der Gas-sensorik ca. 96% des Wasserdampfs im Produktgemisch abgeschieden.

3.1.3 Gassensorik

In dem bestehenden Aufbau kann zur Konzentrationsmessung der gesamte Pro-duktgasstrom (abzüglich des geringen Teilabzugs zur Vakuumkammer) über die Gassensorik geführt werden. Die quantitative Analyse von CH_4 und CO_2 erfolgt mittels Nichtdispersiver Infrarot(IR)-Spektroskopie. Ergänzend kann die H_2-Kon-zentration mit einer Wärmeleitfähigkeitsmessung gemessen werden. Die genutzten Sensoren (vgl. Anhang A) haben einen Messbereich von 0-100Vol-% des Mess-gases. Die Ausgangssignale werden von der Auswerteelektronik linearisiert. Der Linearitätsfehler wird mit <±2% des Messbereichsendwerts (MBE), die Nachweis-grenze mit <1% vom MBE angegeben. Die hier verwendete IR-Sensorik misst nach dem Zweistrahlverfahren. Von der breitbandigen IR-Strahlung der Strahlenquelle wird durch ein Interferenzfilter nur ein charakteristischer Spektralbereich selektiert, in dem ein zu messendes Gas absorbiert. Zur Referenzmessung erfolgt zusätzlich zum gemessenen Spektralbereich die Filterung eines weiteren, absorptionsfreien Spektralbereichs zur rechnerischen Kompensation der Intensitätsabnahme des Strahlers.

Bei der IR-Spektroskopie wird das Verhalten von Molekülen mit einem Dipolmoment ausgenutzt, in charakteristischen Wellenlängenbereichen IR-Strahlung zu absorbieren. Die Absorption der Strahlungsenergie regt die Moleküle auf verschiedenste Arten zu Schwingungen an, auf die hier nicht weiter im Detail eingegangen werden soll. Die Konzentration der zu messenden Gaskomponente ist proportional der vom Strahlungsdetektor registrierten Stärke der Strahlung. An der Sabatier-Reaktion beteiligte und IR-aktive Stoffe sind CH_4, CO_2 und H_2O. Die ebenfalls eingesetzten Gase mit gleichatomigen Molekülen (H_2, N_2 und O_2) werden durch IR-Strahlung nicht zu Molekülschwingungen angeregt, da diese kein Dipolmoment haben.

Durch Überlagerungen der absorbierten Spektralbereiche können Querempfindlichkeiten der IR-Messung auf die anderen, nicht zu messenden Gase auftreten. In Abbildung 3.3 werden die die von der Sensorik gemessenen Spektralbereiche von CH_4 (oben) und CO_2 (unten) gezeigt, dargestellt als Transmissionsspektrum und aufgetragen über die Wellenzahl v in cm^{-1}, des Kehrwerts der Wellenlänge. Die gezeigten Spektren wurden einer Spektral-Datenbank entnommen und sind aufgrund unterschiedlicher gemessener Konzentrationen quantitativ nicht vergleichbar, können aber durchaus an dieser Stelle für eine qualitative Betrachtung dienen.

Nach Auskunft des Herstellers selektieren die Filter der Sensorik die zu messenden Spektralbereiche mit einer Halbwertsbreite (FWHM) von 0,2µm. Für CH_4 liegt die maximale Durchlässigkeit des Filters bei einer Wellenlänge von 3,37µm (v = 2.967cm^{-1}). Die Halbwertsbreite des selektierten Bereichs ist im Bild dargestellt mittels gepunkteter Linien und entsprechend beschriftet (FWHM). Für CO_2 ist das Maximum des selektierten Bereichs bei einer Wellenlänge von 4,25µm (v = 2.353 cm^{-1}).

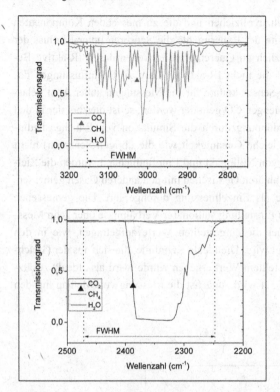

Abbildung 3.3: IR-Transmissionsgrade von gasförmigem CH_4, CO_2 und H_2O im Vergleich; Betrachtung des Messbereichs der IR-Sensorik von CH_4 (oben) und CO_2 (unten); Spektren: [CH_4(g): p=150mmHg / verdünnt in N_2 / Gesamtdruck p=600mmHg (NIST 2011a)]; [CO_2(g): p=200mmHg / verdünnt in N_2 / Gesamtdruck p=600mmHg) (NIST 2011c)]; [H_2O(g): Konzentration nicht bekannt; Auflösung 4cm^{-1}(NIST 2011b)]

Wie zu erkennen ist, treten bei beiden Gasen im selektierten Spektralbereich Überlagerungen durch die anderen IR-aktiven Gase auf. Bei Methan absorbiert Wasser über die gesamte Breite des Bereichs gewisse Anteile der Strahlung. Im Fall von CO_2 tritt im gemessenen Spektralbereich eine Überlagerung sowohl von Methan als auch Wasser auf. Die Überlagerung durch Methan ist zwar schwach, bei CH_4/CO_2-Verhältnissen >>1 im Messgas, wie es bei hohem CO_2-Umsatz zu erwarten ist, kann dies dennoch von praktischer Relevanz sein.

Dem Wasserdampfgehalt im Produktgas nach der Trocknung wurde bereits in (3.1.2) Aufmerksamkeit geschenkt. Um die Beeinflussungen der Gassensorik durch die Begleitgase praktisch nachzuvollziehen und die zu messenden Komponenten festzulegen, wurden vor Beginn der Experimente die Sensoren unter Einfluss der anderen Gase getestet. Zusätzlich zu Querempfindlichkeiten durch IR-aktive Begleitgase kann es auch durch die nicht IR-aktiven Gase zu Beeinflussungen des Messwerts kommen. Der CO-Sensor konnte für die Messungen außer Acht gelassen werden. Sollten geringe Mengen CO gebildet werden, so ist dies bei der in den Messungen eingestellten Verdünnung durch die Simulation von Rauchgasbedingungen mit diesem Sensor (gleiche Genauigkeit wie die übrigen Sensoren) nicht messbar. Nach der Justierung von Nullpunkt und Empfindlichkeit wurden die Zielkomponenten der Sensorik in binären Gemischen mit den anderen Gasen gemessen. Die gesamte Prozedur wurde als Einzelmessung durchgeführt. Die gemessenen Konzentrationen wurden nach Einstellung stationärer Verhältnisse über zehn Messwerte gemittelt und diese über die eingestellten Werte aufgetragen, wie in den folgenden Abbildungen gezeigt wird. Die ideale Kennlinie, die sich aus der Gleichheit von Messwert und eingestelltem Wert ergeben würde, wird als „Ideal" zusätzlich dargestellt. In Abbildung 3.4 wird zunächst die Messung von Methan mit den anderen Gasen gezeigt.

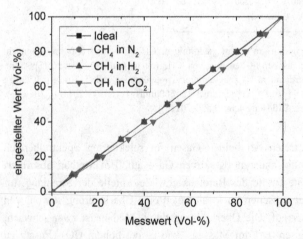

Abbildung 3.4: Genauigkeit der IR-Messung des CH_4-Gehalts in den binären Systemen CH_4/N_2, CH_4/H_2 und CH_4/CO_2

Das Zielprodukt Methan wurde als Schlüsselkomponente definiert. Über einen weiten Konzentrationsbereich hat die Messung die beste Qualität im Vergleich aller Sensoren. In der Mischung mit N_2 und H_2 lagen die Messwerte in Konzentrationen von 30-90Vol-% sehr eng (max. ±0,4Vol-% Abweichung) an den eingestellten Werten. In der Mischung mit CO_2 wurden über einen weiten Bereich Abweichungen von +3 bis +5Vol-% und somit über der zu erwartenden Messunsicherheit gemessen. Ungünstig ist, dass im relevanten Konzentrationsbereich der durchzuführenden Experimente (10-15Vol-%) die Genauigkeit augenscheinlich abnahm. Mit einem eingestellten Wert von 10Vol-% waren die gefundenen Abweichungen des Messwerts in N_2 -0,7Vol-%; in H_2 -1,3Vol-%; in CO_2 +0,4Vol-%. Weil aber H_2 und CO_2 als Edukte größtenteils verbraucht werden, sind diese Störgrößen von geringer Relevanz. Anders kann es sich aber darstellen, wenn die Umsätze im Lauf des Experiments stark abnehmen. Im Kapitel zur Kalibration der Sensoren (3.2) wird dies berücksichtigt.

Die Mischungen von CO_2 mit den anderen Gasen sind in Abbildung 3.5 dargestellt.

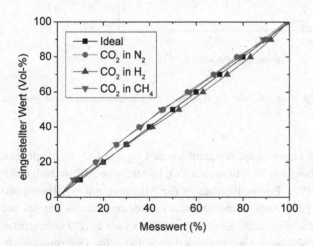

Abbildung 3.5: Genauigkeit der IR-Messung des CO_2-Gehalts in den binären Systemen CO_2/N_2, CO_2/H_2 und CO_2/CH_4

Die CO_2-Messwerte wiesen unter Einfluss aller anderen Begleitgase größere Abweichungen von der idealen Kennlinie auf, mit N_2 und CH_4 über weite Bereiche -3Vol-% bis -5Vol-%. Bei 10Vol-% eingestellter Konzentration waren es mit N_2

-2,3Vol-%, mit H_2 -1,4Vol-% und mit CH_4 -3,1Vol-% Abweichung. Im für die Experimente dieser Arbeit relevanten Konzentrationsbereich von CO_2 im Produkt-gas (etwa 1,5-3Vol-%) wird der Messwert folglich den wahren Wert deutlich unter-schätzen. Zudem liegt diese Konzentration schon in der Nähe der Nachweisgrenze. Dennoch wurde zunächst entschieden, den CO_2-Gehalt zu messen.

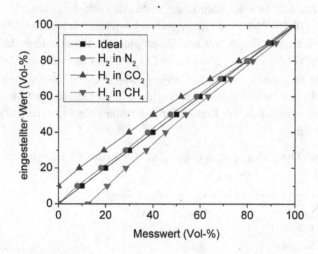

Abbildung 3.6: Genauigkeit der Messung des H_2-Gehalts (Wärmeleitfähigkeitsmessung) in den binären Systemen H_2/N_2, H_2/CO_2 und H_2/CH_4

Die H_2-Messung war eindeutig querempfindlich zu CH_4 und CO_2 als Begleitgas, weniger in der Mischung mit N_2. Mit reinem CO_2 bestand eine positive Nullpunkt-verschiebung von >10%. Positiv ist, dass in der Mischung mit N_2 (Hauptkom-ponente im Messgas) die Querempfindlichkeit am geringsten war. Im Bereich von 10-20Vol-% wurde die eingestellte Konzentration hierbei um ca. 2% unterschätzt. Wärmeleitfähigkeitsmessungen sind grundsätzlich anfällig für Querempfindlich-keiten, da alle Gase in unterschiedlichem Maße Wärme leiten. Bei typischen Expe-rimenten dieser Arbeit ist für H_2 lediglich $\approx$ 10Vol-% im Produktgas zu erwarten. Der Querempfindlichkeitseinfluss durch Methan auf das Messsignal ist dement-sprechend hoch anzusehen. Die Messung versprach daher keinen Qualitätsgewinn, somit wurde auf die Benutzung der gewonnenen H_2-Messwerte verzichtet.

3.2 Kalibration der Sensorik

Die in (3.1.3) diskutierten Erkenntnisse zur Gassensorik zeigten, dass offensichtlich die Messwerte der gemessenen Spezies durch die anderen Gasspezies in unterschiedlicher Ausrichtung und Stärke beeinflusst wurden. Deshalb wurde die obligatorische Kalibration der IR-Sensoren im relevanten Konzentrationsbereich von CO_2 ($\approx$ 1-5Vol-%) und CH_4 ($\approx$ 10Vol-%) mit einem Vierstoffgemisch durchgeführt, das die Zielkomponenten zuzüglich den jeweils anderen Edukten und Produkten (außer H_2O) enthielt. Die einzuleitenden Ströme der Gaskomponenten orientierten sich an den erwarteten Konzentrationen im getrockneten Produktgas. Hierfür wurden fiktive Produktkonzentrationen unter Annahme von 60% - 90% Ausbeute bzw. Umsatz (Schrittweite 10%) vorausberechnet und die Gase dementsprechend eingeleitet. Die eingestellten Volumenströme sind dargestellt in Tabelle 3.1.

Tabelle 3.1: Variation der eingestellten Volumenströme und resultierenden, eingestellten Konzentrationen für die Kalibration der IR-Sensoren von CH_4 und CO_2

Ausbeute (= Umsatz)	Eingestellte Volumenströme (ml/min)				eingestellte Konzentration (Vol-%)	
	N_2	CH_4	CO_2	H_2	CH_4	CO_2
90%	50	9	1	4	14,1	1,6
80%	50	8	2	8	11,8	2,9
70%	50	7	3	12	9,7	4,2
60%	50	6	4	16	7,9	5,3

Stickstoff nimmt als Inerter nicht an der Reaktion teil und wurde daher konstant gehalten. Die mit diesen eingestellten Konzentrationen erhaltenen Ausgleichsgeraden werden für den CH_4-Sensor in Abbildung 3.7 und für den CO_2-Sensor in Abbildung 3.8 gezeigt.

Die lineare Regression der Ausgleichsgeraden wurde mit der Software Origin durchgeführt. Da bei beiden Sensoren keine Nullpunktverschiebung bestand, wurden die Geraden durch den Nullpunkt gelegt. An den Berechnungsalgorithmus für die Regressionsanalyse wurden auch die berechneten absoluten Fehler für die eingestellten Konzentrationen (dargestellt als Fehlerbalken auf den Punkten) übergeben. Diese Fehler beruhen im Wesentlichen auf der Messunsicherheit der Massendurchflussregler. Die Fehlerberechnung ist in Anhang F näher beschrieben.

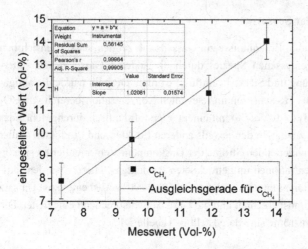

Abbildung 3.7 Ausgleichsgerade für die Messwerte des IR-Sensors für Methan (CH$_4$)

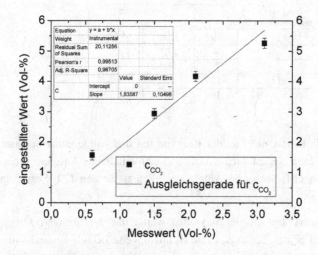

Abbildung 3.8: Ausgleichsgerade für die Messwerte des IR-Sensors für Kohlendioxid (CO$_2$)

Der CO$_2$-Sensor reagierte bei den eingestellten Konzentrationen deutlich weniger empfindlich als der CH$_4$-Sensor, erkennbar an der deutlich positiven Steigung der Geraden (Slope ≈ 1,8). Im Vergleich der Standardfehler für die Steigung zeigt sich die deutlich bessere Qualität der Ausgleichsgeraden für die Methanmesswerte. Die geringste eingestellte CO_2-Konzentration, analog zu 90% Umsatz, betrug 1,6 Vol-%. Die Nachweisgrenze des Sensors beträgt im Vergleich $\approx$ 1Vol-%. Auch eine sorgfältige Kalibrierung kann dieses Manko nicht ausgleichen. Der Hersteller gibt für die Sensorik eine Langzeitstabilität des Messwerts von ±2% des Messbereichs-endwerts (MBE) über 12 Monate an. Tatsächlich wurde nach längerer Nichtbenutzung (Jahreswechsel) eine Drift der Messwerte festgestellt und daraufhin neu kalibriert.

Aus den erhaltenen Ausgleichsgeraden resultieren die größten Fehler im Messwert. Die geringe Qualität der CO_2-Messung in diesem Konzentrationsbereich mündet in einem großen Fehler von ±10% bezogen auf den Schätzwert, der CH_4-Schätzwert wird mit einem berechneten Fehler von ±3% erhalten. Zu der Berechnung des Schätzwert-Fehlers findet sich ebenfalls eine Darlegung im Anhang F. Die berechneten Fehler wurden für alle später erneut ermittelten Ausgleichsgeraden ebenfalls angenommen.

3.3   Methanisierungsversuche unter Rauchgasbedingungen

3.3.1   Der verwendete Katalysator

Der verwendete Methanisierungs-Katalysator ist ein Trägerkatalysator mit einer Schicht aus porösem Nickelmonooxid (NiO) auf Siliziumdioxid (Silica). Die Massenkonzentration von NiO beträgt 60wt-%. Die Silica-Trägerpartikel weisen Korngrößen von 0,15mm bis 0,25mm auf. Das gesamte, aus NiO-Schicht und Träger bestehende, Partikel ist von dunkelgrauer bis schwarzer Farbe und wird im Folgenden einschließlich Trägermaterial als Katalysator bezeichnet. Die Substanz stammt aus dem Sortiment der Firma Sigma-Aldrich Co. LLC und ist im Anhang A näher bezeichnet.

Für den Katalysator wird davon ausgegangen, dass nicht NiO sondern metallisches Nickel katalytisch aktiv ist. Aus diesem Grund wurde vor jedem Experiment eine Reduktion des Katalysators mit reinem Wasserstoffgas durchgeführt (vgl. 3.3.2). Die reduzierende Behandlung von NiO als Katalysatorvorläufer wurde auch in anderen Arbeiten (Hoekman u. a. 2010, S. 44ff: S.46) oder (Schoder, Armbruster, Martin 2013, S. S.4) durchgeführt und kann als Standard angesehen werden. Die Reduktion von NiO mit H_2-Gas wurde bereits zur Mitte des letzten Jahrhunderts grundlegend untersucht (Hauffe, Rahmel 1954, S. 104ff). Die Autoren fanden zusätzlich zur Reduktion von NiO an der Oberfläche auch einen Ausbau von im Kristallgitter eingebautem Sauerstoff in tieferen Materialschichten. Wasserstoff, der in das reduzierte, metallische Nickel diffundiere, reagiere an der Phasengrenze Ni/NiO zu Wasserdampf, der unter dem Metallfilm unter hohem Druck eingeschlossen sei, was zum Zerreißen des metallischen Nickelfilms führen könne. Für Reduktionstemperaturen von 300°C und 1bar Überdrück des Wasserstoffs wurde von den Autoren der Wasserdampfdruck an der Phasengrenze auf bis zu 235bar berechnet.

Im Hinblick auf den Einsatz von NiO als Katalysatorvorstufe ist ersichtlich, dass solche erweiternden Prozesse zusätzliche Porosität und somit zusätzliche aktive Zentren schaffen können. Hauffe und Rahmel gingen von den Reaktionen an der Grenzfläche als geschwindigkeitsbestimmenden Teilschritt aus. Somit liegt der Schluss nahe, dass die Dauer der reduzierenden Behandlung einen Einflussfaktor für die Katalysatoraktivität darstellt.

Im Verlauf der Messungen wurden rasterelektronenmikroskopische Aufnahmen des Katalysators erstellt, welche in Abbildung 3.9 gezeigt werden. Anhand der Aufnahmen von unbenutztem und benutztem Material sollte der Katalysator auf prozessbedingte Schädigungen, z.B. Kohlenstoffablagerungen auf der Oberfläche oder Veränderungen in der Mikrostruktur Nickelschicht, untersucht werden. Derartiges wurde nicht beobachtet. Dennoch verschafften die Aufnahmen einen Eindruck von der Beschaffenheit. Die bei der Präparation der Partikel auf dem Probenaufnahmestempel auftretenden Scherkräfte entfernten große Teile der Nickelbeschichtung, die um das Partikel auf der Oberfläche des Stempels verteilt sind (links oben). Daran ist erkennbar, wie mechanisch fragil die poröse NiO- bzw. Nickel-Schicht ist. Im Bild unten links (bzw. der Vergrößerung unten rechts) ist eine Ablösung erkennbar, die auf eine Schichtdicke <5μm in diesem Bereich schließen lässt. Die Aufnahmen verdeutlichen, dass die Handhabung des Katalysators so schonend wie möglich erfolgen sollte, um Abriebverluste zu minimieren.

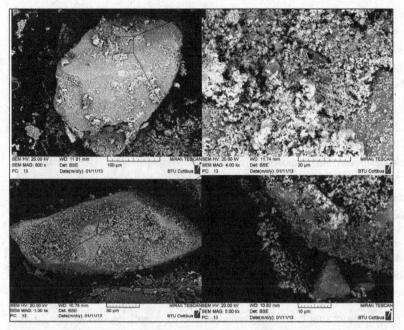

Abbildung 3.9: Rasterelektronenmikroskopische Aufnahmen des Katalysators; 800-fache bis 5.000-fache Vergrößerung; oben links: unbenutzter Katalysator; oben rechts: Vergrößerung eines noch intakten Bereichs der NiO-Schicht; unten links: benutzter Katalysator, eingesetzt in einer Methanisierung mit simulierter Rauchgasatmosphäre (5Vol-% Sauerstoff im Rauchgas) über 40h Dauer; unten rechts: Vergrößerung eines Bereichs der porösen Nickelschicht.

3.3.2 Allgemein gültige Versuchsbedingungen

Für die Methanisierung wird in (Schoder, Armbruster, Martin 2013, S. 3) bei einer Temperatur >400°C zunehmender Einfluss der Rückreaktion festgestellt. In (Hoekman u. a. 2010, S. 49) wird 300-350°C als Temperaturoptimum angegeben. Eigene Untersuchungen des Lehrstuhls an Nickel-basierten Katalysatoren ergaben bzgl. der Ausbeute ein optimales Temperaturfenster von 350°C-400°C gefunden. Die Ofentemperatur wurde daher generell auf 350°C eingestellt, um potentielle Sintervorgänge der metallischen Kristallite zu minimieren. Eine leichte Über-schreitung des Zielwerts auf bis zu 360°C war in manchen Experimenten durch Instabilität der Ofenregelung bedingt.

Ebenfalls um die thermische Belastung, insbesondere durch lokale Temperatur-maxima auf der Ebene von Partikelclustern, zu minimieren, wurde der Katalysator mit Quarzsand verdünnt. Generell wurden 0,5g des Katalysatorpulvers mit 6,5g Sand (100-350mesh / Siebweite 0,044-0,152mm) durch vorsichtiges Schwenken im Becherglas unter dem Abzug vermischt (Massenverhältnis Sand/Katalysator = 13:1) und umgehend in den Reaktor gefüllt.

Sämtliche Experimente fanden bei nur leicht erhöhtem Druck statt, da es sich bei dem Versuchsstand um ein offenes, lediglich durch eine Waschflasche und den Durchflussmesser zur Atmosphäre begrenztes, System handelt. Der Vordruck an den MFC betrug über alle Messungen ca. 2bar, mit Ausnahme der in (3.3.8) beschriebenen Versuche. Je nach Einstellung der MFC wurden vor dem Reaktor Absolutdrücke von 1,07-1,68bar gemessen.

Vor jedem Experiment wurden 30ml/min reinen Wasserstoffs eingeleitet. Die Dauer der reduzierenden Behandlung betrug jeweils ca. 1h. Diese Zeitspanne wur-de benötigt, um die Ofentemperatur nach dem Überschwingen auf $\approx 380°C$ auf die Zieltemperatur (350°C) zurückzuführen.

Die Zusammensetzung des Eduktgemisches (Feed) orientierte sich an der Zusam-mensetzung von Rauchgasen (vgl. 2.3.1). Der Standardfeed in dieser Arbeit be-stand aus einem stöchiometrisch eingeleiteten Gemisch aus 10ml/min CO_2 und 40ml/min H_2 ($CO_2/H_2 = 1:4$). Dem wurden weitere 50ml/min Stickstoff hinzugefügt ($N_2/CO_2/H_2 = 5:1:4$). Diese Gesamtsumme von 100ml/min wurde für alle Experimente zur Untersuchung der Stabilität des Katalysators beibehalten. Der Volumenstrom von CO_2 dividiert durch die Teilsumme von CO_2 und N_2

$$y_{CO_2} = \frac{q_{CO_2}}{q_{N_2} + q_{CO_2}} = 0,167 \qquad (3.2)$$

mit: q_i Volumenstrom des Gases i (ml/min)

repräsentiert die Konzentration von CO_2 im simulierten Rauchgas. Mit 16,7Vol-% CO_2-Gehalt wird eine für trockene Rauchgase charakteristische Verdünnung von CO_2 in Stickstoff simuliert.

3.3.3 Berechnungs- und Bilanzierungsgrundlagen

Anstatt den Durchsatz als Volumenstrom in ml/min anzugeben, kann dieser universeller auch in Form der Raumgeschwindigkeit (bei Gasen: gas hourly space velocity (GHSV))

$$GHSV = \frac{q_F}{V_{Rkt}} \ (h^{-1})$$

(3.3)

mit: q_F Volumenstrom des Feeds (ml/h)

V_{Rkt} Reaktionsvolumen (ml)

mitgeteilt werden. Diese definiert die umgesetzte Anzahl Reaktionsvolumina pro Stunde. Aus einem Volumenstrom des Feed von 100ml/min resultiert bei dem hier verwendeten Reaktor GHSV $\approx$ 1.200h^{-1}.

Die Bilanzierung der Reaktion erfolgte über die verbreiteten Größen Ausbeute, Umsatz und Selektivität anhand der eingestellten und nach dem Reaktor gemessenen Volumenströme, wobei letztere aus den gemessenen Konzentrationen und dem Gesamtvolumenstrom berechnet wurden. Der Berechnungsgleichung für den Umsatz von CO_2 ist

$$X_{CO_2} = \frac{q_{CO_2,in} - c_{CO_2,out} \cdot q_{out}}{q_{CO_2,in}}$$

(3.4)

mit: $q_{CO_2,in}$ eingestellter Volumenstrom von CO2 im Feed (ml/min),

$c_{CO_2,out}$ Konzentration von CO2 im getrockneten Produktgemisch (Vol-%),

q_{out} Volumenstrom des getrockneten Produktgemischs (ml/min).

Mit der Gleichung

$$Y_{CH_4,CO_2} = \frac{c_{CH_4,out} \cdot q_{out}}{q_{CO_2,in}} \qquad (3.5)$$

mit: $c_{CH_4,out}$ Konzentration von CH4 im getrockneten Produktgemisch (Vol-%)

wurde die Ausbeute von CH_4 bezogen auf die eingespeiste Menge CO_2 berechnet. Aufgrund des Ziels, Methan zu erhalten, ist die Ausbeute naturgemäß von größter Bedeutung.

Beide Größen, Umsatz und Ausbeute, sind über die Selektivität, welche mit folgender Gleichung

$$S_{CH_4,CO_2} = \frac{c_{CH_4,out} \cdot q_{out}}{q_{CO_2,in} - c_{CO_2,out} \cdot q_{out}} \qquad (3.6)$$

berechnet wurde, miteinander verknüpft. Die Selektivität beschreibt, wie viel eines bestimmten Produkts aus dem Edukt gebildet wird (hier: CH_4 bezogen auf CO_2). Abnehmende Werte für die Selektivität bedeuten eine Zunahme von unerwünschten Nebenreaktionen. In (Schoder, Armbruster, Martin 2013, S. 6) wird unter ähnlichen Bedingungen wie in dieser Arbeit (NiO/SiO_2-Katalysator; 13,5wt-% NiO; p = 1bar; CO_2/H_2 = 1:4) von einer Selektivität für CH_4 von 81,7% berichtet. Zu 18,2% sei CO aus dem CO_2 gebildet worden. Zu beachten ist hierbei aber die wesentlich höhere Raumgeschwindigkeit ($6.000h^{-1}$) im Vergleich zu Standardexperimenten dieser Arbeit ($1.200h^{-1}$) und der zwar ähnlich zusammengesetzte, aber nicht identische Katalysator. Die eigenen Voruntersuchungen des Lehrstuhls mit dem hier verwendeten Katalysator zeigten deutlich bessere Selektivitäten nahe 100% (Müller, 2013; eingereicht). Bei jenen Untersuchungen kam keine Verdünnung der Messgase in Stickstoff zum Tragen. Die Validität des CO_2-Signals war entsprechend besser als in dieser Arbeit.

Aufgrund der in (3.1.3) beschriebenen Unsicherheiten im Zusammenhang mit der CO_2-Messung, im Wesentlichen durch die Verdünnung verursacht, werden die be-

rechneten Umsätze und Selektivitäten in den folgenden Beschreibungen der Ergebnisse zwar aufgetragen, aber grundsätzlich nicht für die Beurteilung dieser herangezogen. Teilweise werden nicht plausible Werte für Umsatz und Selektivität erhalten (Selektivitäten > 100% und gegenläufige Trends der Ausbeute- und Umsatz-
kurven).

3.3.4 Referenzmessung

Um die Einflüsse der verschiedenen Rauchgaskomponenten beurteilen zu können,
wurde die Leistung der katalysierten Reaktion zunächst in einer Referenzmessung
bestimmt. Es wurde eine zweitägige Messung mit einem simulierten Rauchgas aus
CO_2 und N_2 (zzgl. H_2) durchgeführt. Die auf diese Weise erhaltenen Ergebnisse
sind in Abbildung 3.11 und für die Wiederholungsmessung in Abbildung 3.11
dargestellt.

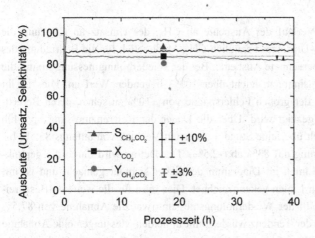

Abbildung 3.10: Referenzmessung der Ausbeute von CH_4 in einem trockenen, simulierten
Rauchgas mit einem CO_2-Gehalt $\approx$ 16,7Vol-%; $N_2/CO_2/H_2$ im Verhältnis 5:1:4; eingestellte
Reaktortemperatur $\approx$ 350°C; p = 1,15 bar; GHSV $\approx$ 1.200h^{-1} (erste Messung).

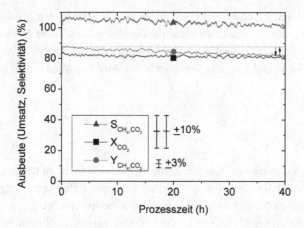

Abbildung 3.11: Referenzmessung der Ausbeute von CH_4 in einem trockenen, simulierten Rauchgas mit einem CO_2-Gehalt $\approx$ 16,7Vol-%; $N_2/CO_2/H_2$ im Verhältnis 5:1:4; eingestellte Reaktortemperatur $\approx$ 350°C; p = 1,15 bar; GHSV $\approx$ 1.200h^{-1} (Wiederholungsmessung).

Dargestellt ist der Verlauf der Ausbeute an CH_4, der Umsatz an CO_2 und die Selektivität des CO_2-Umsatzes bezüglich CH_4. Maßgeblich für die Beurteilung des Ergebnisses ist die berechnete Ausbeute. Bei der Wiederholungmessung nimmt die Selektivität einen unsinnigen, leicht über 100% liegenden Wert an. Dies ist im Zusammenhang mit der großen Fehlerspanne von ±10% zu sehen, deren Berechnung in Anhang F gezeigt wird. Über die Dauer der Referenzmessung von 40h nahm diese (gemittelt über eine Stunde) im ersten Versuch von anfangs 85,5% bis zum Ende der Messung auf 83% ab (-2,5%). Der Betrag wird durch die gepunkteten, horizontalen Linien im Diagramm deutlicher sichtbar gemacht und ist mit Pfeilen zwischen den Linien gekennzeichnet. Dies wird für die weiteren Beschreibungen beibehalten. In der Wiederholungsmessung war die Abnahme von 87,5% auf 81,5% (-6%). In der Tendenz wurde somit in beiden Messungen eine Abnahme der Katalysatoraktivität auf einem Zeithorizont von etwa 2 Tagen gefunden, die in der Wiederholungsmessung die Schwelle der berechneten Fehlertoleranz überschritt.

Als weitere wichtige Aussage lässt sich festhalten, dass die Rauchgas-typische Verdünnung von CO_2 in Stickstoff eine Ausbeute in derselben Größenordnung gestattete, wie sie in Voruntersuchungen mit dem gleichen Katalysator mit einem reinen Eduktgemisch (ohne N_2) und lediglich halb so hoher Raumgeschwindigkeit ermittelt wurde (GHSV $\approx 600h^{-1}$; $Y_{CH_4,CO_2} \approx 90\%$).

Mit dem in der Referenzmessung verwendeten Verhältnis der Komponenten wurde ebenfalls der Durchsatz von 100-400ml/min variiert. In den folgenden Abbildungen werden die Ausbeuten, Drücke und Reaktortemperaturen in Abhängigkeit der eingestellten Durchsätze präsentiert. Da bei der ersten Messung technische Probleme mit der Dosierung von Stickstoff auftraten, die ein starkes Schwanken des N_2-Stroms verursachten, wird lediglich die Wiederholungsmessung präsentiert, bei der die Dosierung zweifelsfrei stabil stattfand.

Die Abbildung 3.12 zeigt die Ausbeute als Funktion der gefahrenen Volumenströme bzw. der allgemein gültigeren Raumgeschwindigkeit. Der Umsatz und die Selektivität sind wiederum der bereits beschriebenen hohen Unsicherheit unterworfen, bzw. nehmen nicht plausible Werte an (Selektivität > 100%).

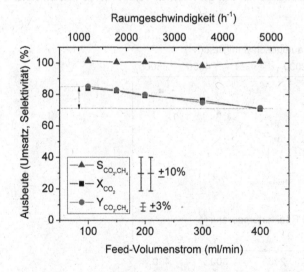

Abbildung 3.12: Abhängigkeit der Ausbeute vom Reaktordurchsatz (Feed-Volumenstrom bzw. Raumgeschwindigkeit); trockenes, simuliertes Rauchgas; CO_2-Gehalt des Rauchgases 16,7Vol-%; $N_2/CO_2/H_2$ im Verhältnis 5:1:4; eingestellte Reaktortemperatur $\approx 350°C$; GHSV$\approx 1.200...4.800h^{-1}$

Geringere Raumgeschwindigkeiten und ergo höhere Verweilzeiten der Gase im Reaktor begünstigten erwartungsgemäß die Ausbeute. In dem untersuchten Bereich des Durchsatzes ist die Ausbeutefunktion linear. Aus der ermittelten Differenz von maximaler (85%) und minimaler Ausbeute (71%) folgt eine spezifische Abnahme der Ausbeute von etwa $-1\%/260h^{-1}$. Da die Temperaturen hierbei noch sämtlich im optimalen Temperaturfenster der Reaktion lagen, wie im Folgenden noch gezeigt wird, bedeutet allein die Verweilzeit der Gase bereits einen erheblichen Faktor. Abhängig von den dort erreichbaren Ausbeuten könnte gegebenenfalls auch eine, in der Reaktionstechnik häufig anzutreffende, Kreislaufführung eines Teilstroms des Produktgemischs zur Optimierung von Umsatz und Ausbeute zur Anwendung kommen.

In der folgenden Abbildung 3.13 wird der Einfluss der gesteigerten Wärmeproduktion in Folge höherer Durchsätze auf den gemessenen Temperaturverlauf im Reaktor präsentiert.

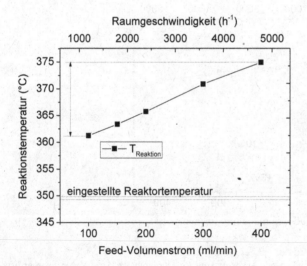

Abbildung 3.13: Abhängigkeit der Reaktionstemperatur vom Reaktordurchsatz (Feed-Volumenstrom bzw. Raumgeschwindigkeit); trockenes, simuliertes Rauchgas mit einem CO_2-Gehalt $\approx 16{,}7$ Vol-%; $N_2/CO_2/H_2$ im Verhältnis 5:1:4; eingestellte Reaktortemperatur $\approx 350°C$; GHSV $\approx 1.200...4.800h^{-1}$.

Auch die Reaktionstemperatur ist im untersuchten Bereich des Durchsatzes linear angestiegen. Bei dem geringsten Durchsatz von 100ml/min war der Temperaturzuwachs durch die Reaktion gegenüber der eingestellten Reaktortemperatur etwa 11K und nahm mit einer weiteren Vervierfachung des Durchsatzes nochmals um 14K zu.

Die gefundene Temperaturentwicklung ist wenig überraschend und die Notwendigkeit eines aktiven Wärmemanagements der Reaktion in einem hochskalierten Prozess ist selbstverständlich. Interessant im Zusammenhang mit Rauchgasen ist aber die Kühlwirkung des nicht an der Reaktion beteiligten Stickstoffs.

Diesbezüglich stellt die Verdünnung der Reaktionspartner einen Vorteil zur Beherrschung der Prozessbedingungen dar.

Die Messung des Drucks wird in Abbildung 3.14 gezeigt. Bei Variation des Durchsatzes stieg der Druck im Bereich der Gassensorik erwartungsgemäß nur minimal an, da der Versuchsaufbau, wie bereits erwähnt, nur durch den Durchflussmesser und eine Waschflasche zur Atmosphäre begrenzt ist.

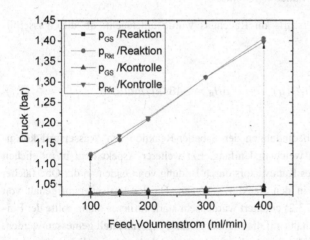

Abbildung 3.14: Abhängigkeit des Drucks vom Reaktordurchsatz; Druckmessung vor dem Reaktor (p_{Rkt} /Reaktion) und nach der Kühlfalle im Bereich der Gassensorik (p_{GS} /Reaktion); trockenes, simuliertes Rauchgas mit einem CO_2-Gehalt ≈ 16,7Vol-%; $N_2/CO_2/H_2$ im Verhältnis 5:1:4; eingestellte Reaktortemperatur ≈ 350°C; GHSV ≈ 1.200...4.800h^{-1}; Kontrollmessung mit reinem Stickstoff; Druckmessung direkt vor dem Reaktor (p_{Rkt} /Kontrolle) und im Bereich der Gassensorik (p_{GS} /Kontrolle), eingestellte Reaktortemperatur ≈ 350°C; GHSV ≈ 1.200...4.800h^{-1}.

Die Druckdifferenz zwischen diesem Messpunkt und der Druckmessung vor dem Reaktor, der Druckverlust im System, ist skizziert mit gestrichelten Pfeilen. Der Druckverlust war mit simuliertem Rauchgas und mit einer Kontrolle aus reinem Stickstoff weitgehend identisch. Die Druckabnahme durch die Volumenverkleinerung der Reaktion und die zusätzliche Kondensation des Wasserdampfs drückt sich ggf. im Vergleich der Drücke im Bereich der Gassensorik aus. Die gemessene Differenz zwischen Reaktion und Kontrolle war jedoch sehr gering. Das Festbett aus Katalysator und Sand stellt offensichtlich einen erheblichen Strömungswiderstand dar. Im Hinblick auf die Entwicklung der Technikumsanlage, die über einen Elektrolyseur mit 30bar Betriebsdruck verfügen wird, kann empfohlen werden, diesem Aspekt Beachtung zu schenken um die erforderliche Verdichtungsarbeit zu minimieren. Die Größe und Form der Partikel in der Schüttung sind hierfür entscheidende Einflussgrößen. Der Druckverlust ist bei bekannten geometrischen und Rauhigkeits-Parametern vorausberechenbar.

3.3.5   Messung unter Sauerstoffeinfluss

Hinsichtlich Restsauerstoffs im Rauchgas wurde untersucht, ob die Wasserbildungsreaktion

$$2H_2 + O_2 \rightarrow 2H_2O(g) \qquad \Delta H_R^\circ = -484kJ/mol \qquad (3.7)$$

bei diesen Reaktionsbedingungen der Sabatier-Reaktion den Wasserstoff konsumiert und falls ja, in welchem Umfang. Ein weiterer Aspekt liegt in möglichen Beeinträchtigungen des Katalysators durch Bildung von Oxiden an der Oberfläche, sollte der Sauerstoff in den Reaktor gelangen. Da der Restsauerstoffgehalt von Rauchgasen, wie in (2.3.2) erläutert wurde, sehr stark variieren kann, sollte der Einfluss des Sauerstoffgehalts auf die Methanisierung experimentell gemessen werden. Unter konstant halten des standardmäßigen CO_2-Gehalts im simulierten Rauchgas (16,7Vol-%) wurden Sauerstoffgehalte von 0-17Vol-% eingestellt. Entsprechende Anteile Stickstoff wurden hierfür reduziert, um den eingeleiteten Gesamtvolumenstrom konstant bei 100ml/min halten zu können. Zu dem konstanten CO_2-Gehalt ist anzumerken, dass die Konzentrationen von Sauerstoff und CO_2 in realen Rauchgasen selbstverständlich voneinander abhängige Größen sind.

Die ermittelten Ausbeutewerte werden in der folgenden Abbildung 3.15 und Abbildung 3.16 dargestellt.

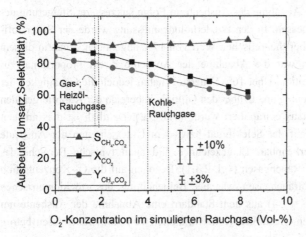

Abbildung 3.15: Ausbeute in Abhängigkeit des Sauerstoffgehalts; CO_2-Gehalt im trockenen, simulierten Rauchgas konstant ≈ 16,7Vol-%; O_2-Gehalt 0-8,3Vol-%, $N_2/CO_2/H_2/O_2$ im Verhältnis (4,5-5):1:4:(0-0,5); eingestellte Reaktortemperatur ≈ 350°C; GHSV ≈ 1.200h[-1] (erste Messung).

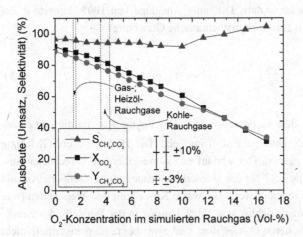

Abbildung 3.16: Ausbeute in Abhängigkeit des Sauerstoffgehalts; CO_2-Gehalt im trockenen, simulierten Rauchgas konstant ≈ 16,7Vol-%; O_2-Gehalt von 0-17Vol-%; $N_2/CO_2/H_2/O_2$ im Verhältnis (4-5):1:4:(0-1); eingestellte Reaktortemperatur ≈ 360°C; GHSV ≈ 1.200h[-1] (Wiederholungsmessung).

Ausgehend vom Standard (0Vol-% O_2) lag im ersten Versuch die Ausbeute bei 84,5% und in der Wiederholungsmessung bei 89%. Es wurde in beiden Versuchen eine eindeutig lineare Abnahme der Ausbeute in Folge sukzessiver Steigerung des Sauerstoffgehalts gemessen. In der Wiederholungsmessung wurde der Sauerstoffgehalt bis auf einen eher theoretischen Wert von 17% angehoben. Auch in diesem Konzentrationsbereich war die Abnahme der Ausbeute direkt proportional zur erhöhten O_2-Konzentration. Über 10% Sauerstoff nahm jedoch die Genauigkeit der Messung bzw. Berechnung ab, da über den Gültigkeitsbereich der Kalibriergeraden (60-90% Umsatz) hinaus extrapoliert wurde (vgl. 3.2). Deutlich ist dies an dem nicht plausiblen Verlauf der Selektivität bzw. dem Unterschreiten der Ausbeute durch den Umsatz erkennbar. Eingezeichnet sind auch typische Bereiche des Sauerstoffgehalts von Rauchgasen (vgl. 2.3.1). Bezogen auf die O_2-Konzentration von Gas- und Heizölrauchgasen war bei Beibehaltung des stöchiometrischen Verhältnisses ($CO_2/H_2 = 1:4$) aus dem Standard eine Abnahme der Ausbeute um 4,5-5% zu verzeichnen. Bezüglich Konzentrationen von Kohlerauchgasen betrug die Abnahme 12-15%.

In einem zweiten Schritt wurden die experimentell ermittelten Daten mit einer Modellrechnung korreliert. Es sollte damit geprüft werden, ob die Abnahme der Ausbeute auf einen vollständigen Umsatz der Edukte in der Wasserbildungsreaktion zurückgeführt werden konnte. Die unter Annahme von 100% Umsatz in der Wasserbildungsreaktion ermittelte mathematische Gleichung

$$Y_{CO_2} = Y^\circ_{CO_2} \cdot \{1 - \frac{3 \cdot c_{O_2}}{1 - c_{O_2}}\} \tag{3.8}$$

diente der Vorhersage des Ausbeuteverlustes. Der Faktor $Y^\circ_{CO_2}$ ist die gemessene Ausbeute des Standards ohne Sauerstoff im Feed. Die Herleitung der Gleichung wird in Anhang D angegeben. Der Verlauf von gemessener und berechneter Ausbeute wird in Abbildung 3.17 für die Wiederholungsmessung präsentiert. Anhand des Vergleichs der Berechnungswerte (schwarze Kurve) mit den Messwerten (rote Kurve) ist es offensichtlich richtig, von 100% Umsatz in der Wasserbildungsreaktion auszugehen. Bei höheren O_2-Gehalten sind zwar beide Kurvenverläufe nicht mehr exakt zur Deckung gebracht. Dies ist aber auf Ungenauigkeiten aufgrund des oben bereits beschriebenen Gebrauchs der Ausgleichsgeraden zurückzuführen.

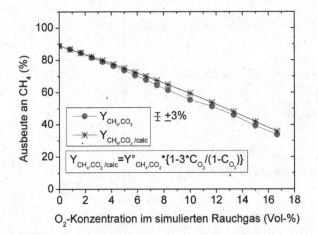

Abbildung 3.17: Vergleich der gemessenen (rot) und berechneten (schwarz) Ausbeute unter Einfluss von Sauerstoff im Rauchgas.

Eine mit der Referenzmessung (3.3.4) vergleichbare Messung von $\approx 40h$ Dauer wurde auch unter Sauerstoffeinfluss als Einzelmessung durchgeführt, da in der betreffenden Woche noch Messzeit zur Verfügung stand. Die erhaltenen Ergebnisse können Abbildung 3.18 entnommen werden. Eine Abnahme der Ausbeute war auch in dieser Messung zu verzeichnen. Das Minus betrug 3,5% über 40h. Die Abnahme liegt leicht über der berechneten Fehlertoleranz und ähnelt somit den Ergebnissen der Referenzmessung. Ein besonderer, negativer Einfluss von Sauerstoff auf den Katalysator bestand somit nicht. Eine interessante Frage ist, ob der Sauerstoff überhaupt den Reaktor erreicht. Eine Messung mit einem leeren Reaktor mit gleichen Konzentrationen wie in oben beschriebener Messung (5Vol-% O_2) belegte, dass es für die Wasserbildungsreaktion unter diesen Bedingungen des Nickel-Katalysators gar nicht bedurfte. Wechselweises Hinzugeben und Abregeln von Sauerstoff führte zu Volumenstromänderungen im Produktgemisch, die die Wasserbildungsreaktion wiederspiegelten. Auf eine graphische Darstellung wird verzichtet. Das Volumen- bzw. Molverhältnis H_2/O_2 im Eduktgemisch bei diesem Versuch war 11,3. Die untere Zündgrenze von Wasserstoff in Luft ist 4,1Vol-%, die obere Zündgrenze 72,5Vol-% und die Zündtemperatur beträgt 530°C (Cerbe u. a. 1992, S. S.29).

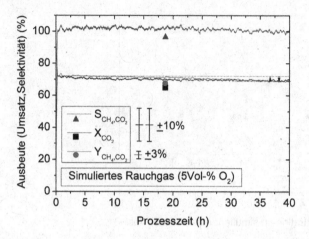

Abbildung 3.18: Messung der Ausbeute von CH_4 in einem trockenen, simulierten Rauchgas mit einem CO_2-Gehalt $\approx 16,7$Vol-% und O_2-Gehalt ≈ 5Vol-%; $N_2/CO_2/H_2/O_2$ im Verhältnis 4,7:1:4:0,3; eingestellte Reaktortemperatur $\approx 350°C$; p = 1,16bar; GHSV ≈ 1.200h^{-1}.

Aus den Zündgrenzen kann ein Bereich für zündfähige Konzentrationsverhältnisse von $H_2/O_2 = 0,203… 12,55$ abgeleitet werden. Ein zündfähiges Gemisch hat demnach im Versuch bestanden. Die hohe Selbstentzündungstemperatur von 530°C wurde aber nicht erreicht. Da kein Katalysator im Reaktor war, kommen die metallischen Oberflächen der Rohrleitungen ebenfalls in Betracht, die Wasserbildungsreaktion bei diesen Bedingungen zu katalysieren.

Die Messung des Temperaturverlaufs in der O_2-Messreihe ist ein weiteres Indiz für das Ablaufen der Wasserbildungsreaktion bereits vor Eintritt in den Reaktor (Abbildung 3.19). Der Hintergrundwert der im stationären Zustand befindlichen Reaktortemperatur betrug $\approx 360°C$, skizziert als horizontaler Balken. Bei 10Vol-% wurde die Messung am Folgetag fortgesetzt. Für den leichten Temperaturanstieg konnte keine Ursache abgeleitet werden. Anhand der Reaktionsenthalpien (Wasserbildung zu gasförmigem Wasser, Formelumsatz: $\Delta H_R^{\circ} = -484$kJ/mol; Sabatier-Reaktion, Formelumsatz: $\Delta H_R^{\circ} = -165$kJ/mol) wäre entgegen des beobachteten Temperaturverlaufs ein deutlicher Anstieg der Reaktionstemperatur zu erwarten gewesen.

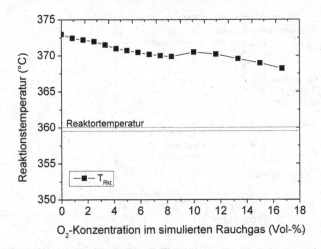

Abbildung 3.19: Reaktionstemperatur in Abhängigkeit des Sauerstoffgehalts; CO_2-Gehalt im trockenen, simulierten Rauchgas konstant $\approx$ 16,7Vol-%; O_2-Gehalt von 0-17vol%; GHSV $\approx$ 1.200h^{-1}; eingestellte Reaktortemperatur $\approx$ 360°C (Wiederholungsmessung).

Mit 89% Ausbeute im Sauerstoff-freien Gemisch (vgl. Abbildung 3.17) wurde die Wärmeproduktion der Sabatier-Reaktion auf 1,1W berechnet. Mit lediglich 33% Ausbeute in der Sabatier-Reaktion bei 17Vol-% O_2 und vollständigem Umsatz in der Wasserbildungsreaktion ist die berechnete Summe der Wärmeproduktion aus beiden Reaktionen 4,0W. Die wahrscheinlichste Erklärung für die beobachtete Abnahme der Reaktionstemperatur ist daher, dass Wasserstoff und Sauerstoff schon deutlich vor dem Reaktor abreagiert haben und die Reaktionswärme in die Aufheizung der Eduktgase bzw. an die Rohrleitung abgeflossen ist. In der Konsequenz wäre eine Beeinflussung des Katalysa-tors durch Oxidation von aktiven Zentren aufgrund von Restsauerstoff in Rauchgasen auszuschließen.

3.3.6 Messung unter Schwefeldioxideinfluss

Zur Untersuchung der Katalysatorleistung unter SO_2-Einfluss wurde die Reaktion in einem simulierten Rauchgas mit 86ppmv SO_2 durchgeführt. Die Ergebnisse folgen in Abbildung 3.20 und Abbildung 3.21.

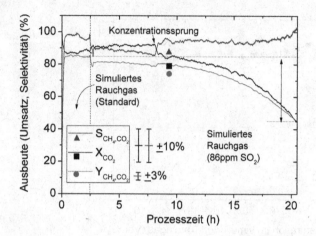

Abbildung 3.20: Messung der Ausbeute von CH_4 in einem trockenen, simulierten Rauchgas mit einem CO_2-Gehalt $\approx 16{,}7$Vol-% und einer SO_2-Kontamination von 86ppmv; $N_2/CO_2/H_2$ im Verhältnis 5:1:4; eingestellte Reaktortemperatur ≈ 350°C; $p = 1{,}16$bar; GHSV ≈ 1.200h^{-1} (erste Messung).

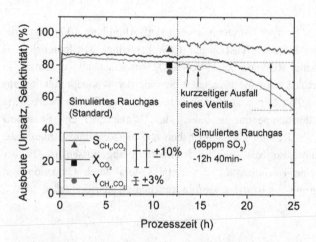

Abbildung 3.21: Messung der Ausbeute von CH_4 in einem trockenen, simulierten Rauchgas mit einem CO_2-Gehalt $\approx 16{,}7$Vol-% und einer SO_2-Kontamination von 86ppmv; $N_2/CO_2/H_2$ im Verhältnis 5:1:4; eingestellte Reaktortemperatur ≈ 350°C; $p = 1{,}16$bar; GHSV ≈ 1.200h^{-1} (Wiederholungsmessung).

Die gewählte Konzentration von 86ppmv orientierte sich an den im Jahresdurchschnittswert emittierten Konzentrationen gereinigter Braunkohle-Rauchgase (vgl. Tabelle 2.3) und repräsentiert in diesem Sinne eine realistische Maximalanforderung an den Katalysator unter Rauchgasbedingungen. Die Umschaltung von der Standardmessung mit technischem CO_2 auf den äquivalenten, SO_2-kontaminierten Strom ist in beiden Abbildungen abgegrenzt durch die vertikale, gestrichelte Linie. Für den in Abbildung 3.20 von 2,5h bis 7,5h abgebildeten Verlauf (zunächst Umsatzanstieg, dann –abnahme sowie zunächst Ausbeuteabnahme, dann Wiederanstieg) war aus den experimentellen Bedingungen keine plausible Erklärung ersichtlich. Eine denkbare Erklärung ist die zeitweilige Absenkung des Luftdrucks durch Inbetriebnahme des Abzuges im Labor, der die IR-Sensoren mangels barometrischer Druckkompensation gestört haben könnte.

In der ersten Messung setzte 7h nach Umschaltung, in der Wiederholungsmessung etwa 5h danach eine beschleunigte Desaktivierung des Katalysators ein. Es ist wahrscheinlich, dass zunächst die vorderen Bereiche des Katalysatorbetts SO_2 gebunden haben und sich dieser Vorgang mit zunehmender Belegung aktiver Oberfläche von vorn nach hinten im Katalysatorbett ausgebreitet hat, bis der Aktivitätsverlust nach einiger Zeit, als auch in die hinteren, noch aktiveren Bereiche des Festbetts mehr SO_2 gelangte, voll sichtbar wurde. Für H_2S-Vergiftugen ist diese inhomogene Verteilung der Oberflächenkonzentration von Schwefel in Festbetten beschrieben worden (Bartholomew, Farrauto 2006, S. 267). Für die Adsorption von SO_2 auf Aktivkoks wurde ebenfalls eine Einbindung zunächst im vorderen Bereich der Schüttung festgestellt (Ritter 1992, S. 12).

Betrachtet man die gesamte Einleitdauer mit kontaminiertem Gemisch, betrug der Ausbeuteverlust in der ersten Messung 2,1% pro Stunde (-37% in 18h). In der Wiederholungsmessung waren es ebenfalls durchschnittlich 2,1% pro Stunde (-27% in 12,7h). Dies erlaubt natürlich keine Aussage über die noch verbleibende Ausbeute im Gleichgewichtszustand der Vergiftung. Der Kurvenverlauf und die in (2.2) zitierten Literaturwerte für die Restaktivität von Nickel im Gleichgewichtszustand mit H_2S lassen aber erahnen, dass keine baldige Stabilisierung der verbleibenden Ausbeute eingetreten wäre.

Allgemein wird die Vergiftung von Nickelkatalysatoren durch Schwefel bei Reaktionsbedingungen der Methanisierung als irreversibel eingestuft (Hagen 1996, S. 199).

Im Zusammenhang mit SO_2 in Rauchgasen wurde zu Beginn der Arbeit auch der pH-Wert als eine wichtige Größe angenommen. Wird Kondensat bei Vorhandensein von SO_2 gebildet, kann letzteres in Lösung gehen ($SO_{2(aq)}$) und steht dann im Gleichgewicht mit Schwefliger Säure (H_2SO_3):

$$SO_2(aq) + H_2O \leftrightarrows H_2SO_3(aq)$$

Diese dissoziiert in zwei Stufen:

$$H_2SO_3(aq) \leftrightarrows HSO_3^-(aq) + H^+(aq)$$
$$HSO_3^-(aq) \leftrightarrows SO_3^{2-}(aq) + H^+(aq)$$

Schweflige Säure ist eine mittelstarke Säure. Dies hat in technischen Anwendungen Einfluss auf die Wahl geeigneter Werkstoffe. Die korrosionsfeste Ausführung ist dabei ein zusätzlicher Kostentreiber. Zusätzlich wurde daher auf einfachem Wege der pH-Wert des anfallenden Kondensats mit zwei verschiedenen Sätzen Indikatormessstreifen der Firma Merck gemessen (pH 1-14, pH 4,0-7,0). Mit einer Leitungswasservorlage von je 10ml im Kondensat-Sammelbehälter wurde der pH-Wert zunächst auf 7,5 eingestellt. Die gemessenen pH-Werte des Kondensats beliefen sich auf pH 5,5-6, unterschieden sich aber hierin nicht von den in anderen Versuchen (ohne SO_2) ermittelten Werten. Hieraus folgt nicht zwangsläufig ein Widerspruch, da nicht sicher ist, ob überhaupt SO_2 aufgrund noch fortschreitender Belegung des Katalysators bereits in nennenswertem Umfang am Reaktorausgang vorhan-den war. Zudem ist der Partialdruck von SO_2 bereits im Feed sehr gering. Die stets gefundene Absenkung des pH um 2 Einheiten spricht dafür, dass dies einzig auf die Lösung von CO_2 und anschließende Kohlensäurebildung zurückgeht. Legt man die hier ermittelte Katalysatorstabilität zu Grunde, ist SO_2 ohnehin weiter zu reduzieren und verliert dann für die Korrosivität des gebildeten Kondensats seine Bedeutung.

3.3.7 Messung unter Stickstoffdioxideinfluss

Die Messung des Stickstoffdioxid-Einflusses wird in der folgenden Abbildung 3.22 und Abbildung 3.23 gezeigt.

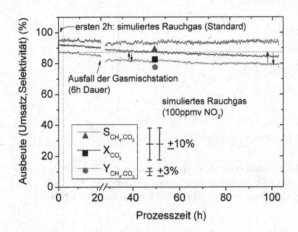

Abbildung 3.22: Messung der Ausbeute von CH_4 in einem trockenen, simulierten Rauchgas mit einem CO_2-Gehalt $\approx$ 16,7Vol-% und einer NO_2-Kontamination von 100ppmv; $N_2/CO_2/H_2$ im Verhältnis 5:1:4; eingestellte Reaktortemperatur $\approx$ 350°C; p = 1,1bar; GHSV $\approx$ 1.200h^{-1} (erste Messung).

Die erste Messung wurde, da noch Messzeit zur Verfügung stand, auf ca. 100h ausgedehnt. Es wurde eine Abnahme der Ausbeute von 87,5% auf 82% binnen 40h ermittelt (-5,5%). In der Wiederholungsmessung waren anfangs 83% und nach 40h noch 81,5% Ausbeute zu verzeichnen (-1,5%). Beide Werte sind geringer als der maximale Ausbeuteverlust bei den Referenzmessungen (-6%). Die Fragestellung, ob NO-Radikale, die bei dieser Temperatur erwartet wurden, eine erhöhte Degradation des Katalysators verursachen, kann ausgehend von diesen Messungen verneint werden. Es wird auch in der durchgesehen Literatur im Zusammenhang mit Stickoxiden und Nickelkatalysatoren nicht von Desaktivierungen berichtet.

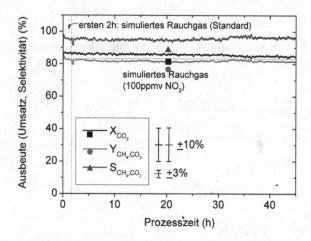

Abbildung 3.23: Messung der Ausbeute von CH_4 in einem trockenen, simulierten Rauchgas mit einem CO_2-Gehalt $\approx$ 16,7Vol-% und einer NO_2-Kontamination von 100ppmv; $N_2/CO_2/H_2$ im Verhältnis 5:1:4; eingestellte Reaktortemperatur $\approx$ 350°C; p = 1,12bar; GHSV $\approx$ 1.200h^{-1} (Wiederholungsmessung).

Interessant erscheint der Verlauf der ersten Messung dahingehend, dass sich die Abnahme der Ausbeute nach den ersten etwa 60h zu stabilisieren schien. Nach 100h waren noch $\approx$ 80% Ausbeute zu registrieren. Ob dieser Effekt auf anfängliche Degradation zurückgeht, die nach gewisser Zeit zum Stillstand kommt, könnte in weiteren Messungen untersucht werden.

3.3.8   Messung mit realem Rauchgas aus einer Braunkohlefeuerung

An einer im stabilen Betrieb befindlichen Feuerungsanlage mit <20MW$_{th}$ Feuerungswärmeleistung (Braunkohlenstaub aus dem Lausitzer Revier) konnte mit freundlicher Genehmigung des Betreibers, welcher nicht genannt werden möchte, reales Rauchgas zu Versuchszwecken entnommen werden. Zur Wahrung von Betriebsinterna wurden dem Autor keine Informationen über die momentane Zusammensetzung des Brennstoffs bzw. eine Rauchgasanalyse mitgeteilt. Das Rauchgas wurde mit einem handelsüblichen Haushaltskompressor (8bar Kompressionsdruck, 24l Kesselvolumen) über eine bestehende Leitung zum Saugzug des Kamins angesaugt, an der permanent ein leichter Überdruck von 0,2bar bis 0,4bar anlag, der sich durch einen wahrnehmbaren Gasstrom an der Absperrarmatur bemerkbar machte und zum Überschreiten des Messbereichsendwerts der mitgeführten Gaswarngeräte (7Vol-%) führte. Alle mitgeführten Speicherbehälter wurden vor der Befüllung mit dem angesaugten Rauchgas gespült. Die herrschenden Bedingungen und die durchgeführte Spülprozedur sprechen dafür, dass eine repräsentative Rauchgasprobe entnommen werden konnte.

Das bei 7,5bar Überdruck gespeicherte Rauchgas wurde ohne weitere Druckminderung mittels MFC (maximaler Eingangsdruck p = 10,3bar) in die Laboranlage dosiert. Zur Messung des CO_2-Gehalts wurde das Gas zunächst zur Trocknung über die Kühlfalle geleitet. Die gemessene und korrigierte CO_2-Konzentration betrug im Mittel 11,3Vol-%. Auf die Sauerstoffkonzentration konnte nicht zurückgeschlossen werden. Da die CO_2-Konzentration gemessen und über die Kalibration korrigiert wurde und nicht mittels MFC präzise eingestellt worden war, wurde die Ausbeute hiermit nicht in vergleichbarer Weise wie in den übrigen Messungen berechnet. Stattdessen wurde anhand der Messwerte für CH_4 eine auf das Maximum an Methanvolumenstrom normierte Methanproduktion berechnet. Der Verlauf dieses Quotienten über die Versuchsdauer ist in Abbildung 3.24 dargestellt.

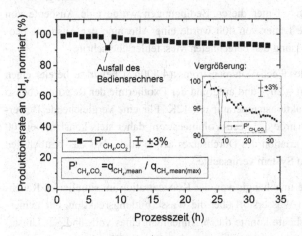

Abbildung 3.24: Messung der Produktionsrate von CH_4 unter Einfluss realer Rauchgasbedingungen normiert auf die maximale Produktionsrate im Messzeitraum; Daten über eine Stunde gemittelt; CO_2-Gehalt im feuchten Rauchgas $\approx$ 10-11Vol-%; q = 50ml/min; GHSV $\approx$ 600h^{-1}; eingestellte Reaktortemperatur $\approx$ 350°C; exakte Rauchgaszusammensetzung nicht bekannt.

Bei dieser Messung nahm die Methanproduktion über den Messzeitraum von 33h um $\approx$ 8% ab. Diese Abnahme ist erstaunlicherweise nicht so ausgeprägt, wie in den Messungen mit SO_2-kontaminiertem Gemisch, aber dennoch stark genug, um von einer schnellen Degradation des Katalysators zu sprechen. Da es sich um eine reale Probe handelte, über die abgesehen von der Herkunft kaum etwas bekannt war, kann das Ergebnis meines Erachtens nur rein informativ im Sinne des Gesamtansatzes interpretiert werden: Eine direkte Nutzbarkeit gereinigter Rauchgase aus Festbrennstoffkraftwerken ohne weitergehende Reinigung scheint mit Nickelkatalysatoren sehr unwahrscheinlich.

Der Versuch verfolgte als weiteren Zweck auch das Durchführen eines vollständigen Zyklus aus Beprobung an einer realen Feuerung, die Speicherung des Rauchgases und dessen Einspeisung in den Versuchsstand. Dies verlief wie geplant.

3.4 Zusammenfassung der Versuche

Ein typisches CO_2/N_2-Verhältnis im Rauchgas ist $\approx$ 1:5. Im experimentellen Teil wurde daher zunächst in Referenzmessungen das CO_2/N_2-Verhältnis auf 1:5 eingestellt. Der CO_2-Partialdruck im Feed war dabei $\approx$ 0,1bar und die Raumgeschwindigkeit betrug $\approx$ 1.200h^{-1}. Unter diesen Bedingungen wurde eine Ausbeute von $\approx$ 85% erzielt. Über die Dauer von 40h wurde eine Abnahme der Ausbeute beobachtet, die in einer Messung den berechneten Messfehler überschritt.

Eine Vervierfachung des Feed-Volumenstroms (4.800h^{-1}) bewirkte bereits einen Verlust an Ausbeute um $\approx$ 20% und aufgrund der Exothermie der Reaktion ebenso eine Steigerung der Reaktionstemperatur um 12K. Für eine vergleichende Bewertung der Experimente wurde der Feed-Volumenstrom daher stets konstant bei 100 ml/min gehalten. Die Variation des Durchsatzes zeigte auch, dass das Festbett den größten Druckverlust im System verursachte.

Der Sauerstoff reagierte unabhängig von der Konzentration im simulierten Rauchgas vollständig mit dem Wasserstoff über die Wasserbildungsreaktion. Die gemessene Abnahme der Ausbeute konnte durch Annehmen eines vollständigen Umsatzes von Sauerstoff sehr gut nachgerechnet werden. Für die Wasserbildungsreaktion bedurfte es offensichtlich nicht des Nickel-Katalysators. Der beobachtete Temperaturverlauf unter O_2-Zugabe war ein starkes Indiz dafür, dass die Wasserbildungsreaktion von schon vor dem Reaktor in der Rohrleitung ablief. Ein besonderer Einfluss auf die Stabilität des Katalysators durch den Sauerstoff im Reaktionssystem wurde nicht ermittelt.

Unter Schwefeldioxideinfluss war eine intensive Vergiftung des Katalysators zu registrieren. Bei einer SO_2-Konzentration von 86ppmv im simulierten Rauchgas betrugen die Ausbeuteverluste etwa 2% pro Stunde. Die Messungen wurden jeweils abgebrochen, als die verbleibende Ausbeute $\approx$ 50% erreichte. Der Gleichgewichtszustand des Vergiftungsprozesses war dabei noch nicht erreicht. Eine zunächst vermutete Absenkung des pH-Werts des gebildeten Kondensats aufgrund von SO_2 wurde nicht gemessen. Die geringe Stabilität des Katalysators zeigt aber, dass etwaige Einflüsse von SO_2 auf den pH-Wert ohnehin nachrangig sind.

Für den Schadstoff NO_2 wurde kein erkennbarer Einfluss auf die Aktivität und Stabilität des verwendeten Katalysators gefunden. Dies schließt das NO-Radikal mit ein, das unter den getesteten Reaktionsbedingungen von 350°C im Gleichgewicht mit NO_2 vorliegt. In der gesichteten Literatur wird in Übereinstimmung hiermit im Zusammenhang mit Nickel-katalysatoren nicht von Vergiftung durch NO_x-Verbindungen berichtet.

Mit einem realen Rauchgas aus einer Braunkohlefeuerung wurde eine Abnahme der Methanproduktion von $\approx$ 8% über 33 Stunden ermittelt. Unter dem Gesichtspunkt der praktischen Beprobung einer realen Feuerungsanlage und des Transports von Rauchgas bis hin zur Untersuchung auf dem Katalyseversuchsstand war dieser Versuch sehr erfolgreich. Für eine sinnvolle Vergleichbarkeit mit den anderen Messungen wäre aber eine exakte Kenntnis der CO_2-,O_2-und SO_2-Konzentration erforderlich gewesen, die vom Betreiber der Anlage nicht mitgeteilt wurden.

3.5   Fehlerbetrachtung

Der größte Fehler lag bei der ermittelten Ausgleichsgeraden für CO_2. Zwar konnten die zu messenden Konzentrationswerte bei der Erstellung der Kalibriergeraden mit annehmbarer Genauigkeit eingestellt werden (vgl. die Fehlerbalken der eingestellten Werte in den Kalibrationskurven (3.2)). Die verwendete IR-Sensorik (0-100 Vol-% Messbereich) war für den in der Arbeit zu messenden Konzentrationsbereich von CO_2 (1,5-5Vol-%) aber weniger geeignet. Dies schlug sich in großen Werten für den Standardfehler der Steigung der Ausgleichsgeraden für die CO_2-Messwerte nieder, so dass auf der Berechnung von Umsatz und Selektivität ein berechneter Fehler von ±10% lag (zur Fehlerberechnung vgl. Anhang F). Diese hohe Messunsicherheit ist im Vergleich zur Größe der berechneten Werte wenig befriedigend und wird in einigen Diagrammen direkt sichtbar, etwa durch Selektivitätswerte, die deutlich die 100%-Marke durchbrechen.

Sämtliche Diskussionen bezogen sich deshalb lediglich auf die Ausbeute. Der relevante Konzentrationsbereich von CH_4 (10-15Vol-%) war deutlich günstiger im Vergleich zum Messbereich (ebenfalls 0-100Vol-%). Zudem war die Messung im Vergleich zur CO_2-Messung nicht so stark von den anderen Gasen beeinflusst, wie zuvor anhand der Messung binären Gemischen ermittelt worden war. Mit dem deutlich geringeren Standardfehler der Geradensteigung wurde der Fehler auf der berechneten Ausbeute zu ±3% berechnet (Anhang F).

Wasserdampf im Messgas

Bei der standardmäßigen Einleitung des simulierten Rauchgases mit einem Verhältnis von $N_2/CO_2/H_2$ = 5:1:4 betrug der Wasserdampfanteil im Messgas nach der Trocknung 0,7Vol-%. (vgl. 3.1.2). Wasserdampf ist verantwortlich für Querempfindlichkeiten der IR-Sensorik, insbesondere im gemessenen Spektralbereich von CH_4, weniger im Fall von CO_2. Mit den verbleibenden Wasserdampfanteilen geht sicherlich eine gewisse zusätzliche Absorption einher, bei den gegebenen Größenordnungen von Wasserdampf im Messgas kann der Effekt aber vernachlässigt werden.

Lösen von Gasspezies in Kondensat

Im Anhang E wird eine Abschätzung zum Übergang von Gasspezies in das Kondensat gegeben, welches an der Kühlfalle anfällt und im Verlauf einer Messung dort akkumuliert. Die Abschätzung legt nahe, dass auch dieser Einflussfaktor zu vernachlässigen ist. Aus der Lösung von CO_2 im Wasser, welches zudem weiterreagieren kann zu Kohlensäure, resultiert der größte berechnete Übergang ($\approx 0{,}01\%$ der Stoffmenge im Verlauf eines Experiments) im Vergleich der gemessenen Spezies. Die Größe dieses Fehlers ist im Vergleich zum Gesamtfehler marginal.

4. Verfahrensaspekte

In diesem Kapitel wird den Fragen nachgegangen, welche Rauchgasquelle für die Sabatier-Reaktion vergleichsweise günstig erscheint, welche Möglichkeiten zur umfassenden Reinigung von Gasen von Schwefelverbindungen bestehen und welche Nutzungsmöglichkeiten für die Methanisierung im Rauchgas bestehen könnten. Auch ein Vergleich zu alternativen CO_2-Quellen wird gezogen.

4.1 Potentielle Rauchgasquellen

Konventionelle Kraftwerke sind hinsichtlich Brennstoffausnutzung und minimaler CO-Bildung wirtschaftlich optimiert und müssen daher bei einem wohldefinierten Luftüberschuss (n >1) betrieben werden. Es fallen Rauchgasvolumenströme in Größenordnungen von 10^5-10^6 m³/h an, die unvermeidlich einen Anteil Restsauerstoff enthalten.

Eine Voraussetzung, um die Luftzahl an n = 1 annähern zu können, wäre m.E. ein Rauchgasvolumenstrom in einer Größenordnung, die der Verarbeitungskapazität der Methanisierungsanlage angepasst ist, sodass der gesamte Rauchgasstrom in die Methanisierungsanlage fließen könnte. Kohlenmonoxid im Rauchgas könnte dann akzeptiert werden, da es Edukt der Methanisierung ist. Betrachtet man das Rauchgas von Gasfeuerungen, so enthält dieses bei n = 1-Fahrweise neben den üblichen Komponenten N_2, H_2O und CO_2 Anteile von H_2, CO, O_2 und CH_4 (Cerbe u. a. 1992, S. 82). Rußbildung könne laut Cerbe u.a. bei leicht unvollständiger Verbrennung von Gas vernachlässigt werden. Ein Minimum an O_2 ist aus Sicht der Methanisierung zu tolerieren. Im Zusammenhang mit der Belegung von Katalysatoroberflächen hätte Erdgas im Vergleich zu sonstigen Brennstoffen zudem den Vorteil der fehlenden Rußbildung bei n = 1-Fahrweise. Mit Gas könnte daher zweierlei erreicht werden:

- Minimierung des Restsauerstoffgehalts im Rauchgas ohne neue unerwünschte Substanzen zu produzieren.

- Bereitstellung von Rauchgas mit minimalen SO_2-Konzentrationen <1ppmv (vgl. Tabelle 2.3); ggf. ausreichend für die Langzeitstabilität der Katalysatoren.

Zusammengefasst wäre aus meiner Sicht nach dieser ersten, einfachen Betrachtung eine technisch günstige Rauchgasquelle in ihrer Leistung angepasst an die Leistung der Methanisierungsanlage und könnte Erdgas verbrennen.

4.2　Nachentschwefelung

Gering mit SO_2 belastete Rauchgase aus Erdgasfeuerungen könnten eventuell eine akzeptable Katalysator-Standzeit erlauben, zumindest aber den Aufwand für adsorbierende Betriebsstoffe minimieren. Im Zusammenhang mit der Vergiftung von Nickelkatalysatoren durch H_2S ist folgende Aussage der Literatur zu entnehmen: „Nickel is the most sensitive metal" (Hansen, Rostrup-Nielsen 2009, S. 957f). Die Autoren schlagen für Hochtemperaturbrennstoffzellen mit Erdgas als Feed sowie mit Nickel auf der Anodenseite eine vorherige Entschwefelungsstufe mit Kupferbasierten Katalysatoren vor, die Erdgas-typische Schwefelverbindungen wie z.B. schwefelhaltige Odoriermittel besser adsorbieren sollen als Zinkoxidbetten, welche für die Entfernung von H_2S verbreitet Anwendung finden. Im Verbund mit einer nachgeschalteten Reformierstufe auf Basis von Nickelkatalysatoren könne der Gehalt an Schwefelverbindungen im Feed auf $<10^{-6}$ppm vermindert werden, bevor dieser in die Brennstoffzelle strömt. Im einjährigen Testbetrieb wurde eine beinahe vollständige Adsorption in der Entschwefelungsstufe gefunden, ohne eine nennenswerte Desaktivierung in der Reformierstufe.

4.3　Erzeugung und Nutzung methanhaltigen Schwachgases

Die Zusammensetzung eines feuchten Erdgas-Rauchgases und eines darauf basierenden methanisierten Produkts wird in Abbildung 4.1 dargestellt. Hierbei wurden die in Tabelle 2.1 gelisteten Rauchgas-Konzentrationen angenommen, d.h. es wird zunächst von einer normalen, leicht überstöchiometrischen Verbrennung von Erdgas ausgegangen. Entfernt man aus der Zusammensetzung des feuchten Rauchgases rechnerisch das Wasser (Annahme der Rauchgastrocknung) und den Sauerstoff (Annahme des Zusatzverbrauchs von Wasserstoff) und nimmt für die Methanisierung 95% Ausbeute an, verfügt das trockene Produktgas über 10,5% CH_4 und 2,2% H_2 als brennbare Anteile. Die Mischung mit einem Heizwert von $\approx 4{,}0$MJ/m³ kann als Schwachgas bezeichnet werden (Cerbe u. a. 1992, S. 55). Dies ist etwa 40% der volumetrischen Energiedichte reinen Wasserstoffs.

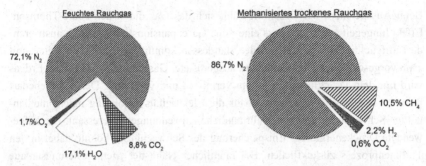

Abbildung 4.1: Vergleich der Zusammensetzung von Rauchgas vor und nach Methanisierung.

Soll das Schwachgas direkt genutzt, also gespeichert und ggf. per Leitung transportiert werden, entfällt das Argument der höheren volumetrischen Energiedichte von Methan aufgrund der Verdünnung. Wichtig in dem Zusammenhang ist, wie viel Wasserstoff mit der vorhandenen Verbrennungstechnik direkt verwertet kann. Heutige Gasturbinen können bis zu 10% Wasserstoff verwerten, wie bereits in (1.1) erwähnt wurde. Von diesem Standpunkt aus besteht zunächst keine Notwendigkeit, für den Stromspeicheransatz eine Methanisierung nach zu schalten. Da eine umfassende Wasserstoffinfrastruktur aus heutiger Sicht nicht absehbar ist, stellt die Speicherung von Wasserstoff in räumlicher Nähe zur Stromerzeugungsanlage ein realistisches Szenario dar. Bis zur technisch tolerierbaren Grenze könnte der Wasserstoff dann vor Ort rückverstromt werden. Nach Ausschöpfen der verwertbaren Mengen könnte methanhaltiges Schwachgas, das ebenfalls vor Ort zu speichern wäre, eine Alternative darstellen. Angelehnt an die Funktionsweise von Druckluftspeicherkraftwerken (DSKW) könnten aus den großen Gasvolumina auch Vorteile abgeleitet werden. Zur Verdeutlichung wird im Folgenden anhand eines bestehenden DSKW in Huntorf bei Oldenburg, welches z.B. in (Hoffeins 1980, S. 485ff) oder (Wolf 2010, S. 29ff) beschrieben ist, die DSKW-Technik einmal grob umrissen.

In DSKW wird Überschussstrom zur Kompression von Luft verwendet, mit dem Zweck, die gespeicherte Energie in Form von Druck zeitversetzt wieder freizusetzen. Die erzeugte Druckluft wird in unterirdischen Kavernen eingelagert und bei Bedarf wieder über eine Turbine entspannt. Zur Kühlung der Kompressoren muss die bei der Verdichtung erzeugte Wärme an die Atmosphäre abgeführt werden. Beim Ausspeichern der Druckluft kühlt sich das Gas durch den Joule-Thomson-Effekt hingegen soweit ab, dass eine reine Gasexpansionsturbine durch ausfrieren-

Beim Ausspeichern der Druckluft kühlt sich das Gas durch den Joule-Thomson-Effekt hingegen soweit ab, dass eine reine Gasexpansionsturbine durch ausfrierende Luftfeuchtigkeit vereisen würde. Stattdessen kommt z.B. in Huntorf eine, mit zwei vorgeschalteten Brennkammern ausgerüstete, Gasturbine zum Einsatz. Erdgas wird mit dem Druckluftmassenstrom vermischt und verbrannt. Der Wärmebedarf beim Ausspeichern von Druckluft für die Elektrizitätsversorgung macht methanhaltige Schwachgase prinzipiell für ähnliche Anwendungen interessant. Die aufgewendete Druckenergie zur Einspeicherung des Schwachgases könnte dabei in den Turbinenprozess zurückfließen. Bei räumlicher Nähe der Methanisierungsanlage zum Kraftwerk könnte zusätzlich Wärme aus den heißen Produktgasen der Methanisierung noch in den Wärmekreislauf des Kraftwerks integriert werden.

In Abbildung 4.2 wird die Kombination aus Untertage-Einlagerung von methanhaltigem Schwachgas und Erdgaskraftwerk einmal skizziert. Sauerstofffreies Schwachgas würde einen erhöhten Luftbedarf bei der Verbrennung erfordern, welcher in Kraftwerken grundsätzlich minimiert wird. Die Speicherung des Sauerstoffs aus der Elektrolyse wäre daher ebenfalls empfehlenswert.

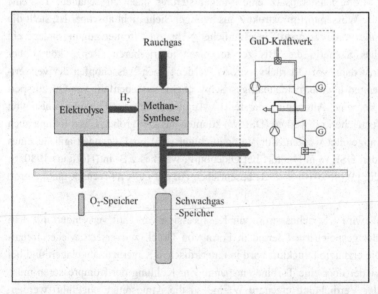

Abbildung 4.2: Prinzipskizze für eine potentielle Nutzung von methanhaltigem Schwachgas aus der Sabatier-Reaktion in Rauchgasen in Erdgas-GuD-Kraftwerken.

Allgemein könnten für die Sabatier-Reaktion Vorteile aus der Speicherung des Produkts unter hohem Druck abgeleitet werden:

- Durch Kompression vor dem Reaktor kann nötige Wärme für die Aufheizung der Reaktionsgase auf Reaktionstemperatur produziert werden.

- Erhöhter Druck ist für volumenverkleinernde Reaktionen wie die Sabatier-Reaktion von Vorteil (Prinzip von Le Chatelier).

- Mit erhöhtem Druck wird eine kompaktere Dimensionierung des Reaktors möglich.

4.4 Erzeugung und Nutzung methanhaltigen Reichgases

Zur Erzeugung von Reichgas mit hohem Methangehalt, beispielsweise um Einspeisefähigkeit in das Erdgasnetz zu erreichen, bieten sich wesentlich geeignetere CO_2-Quellen im Vergleich zu Rauchgasen. Dies gilt zumindest für Rauchgas aus konventionellen Kraftwerken, in denen der Brennstoff mit Luft umgesetzt wird. Die Konzentration von Methan im Schwachgas nach der Methanisierung ist mit ≈ 10 Vol-% so gering, dass eine Anreicherung zweifelhaft erscheint. Anders könnte es sich darstellen, wenn das Rauchgas aus einem Verbrennungsprozess mit höherem oder sehr hohem CO_2-Gehalt gewonnen werden kann, z.B. aus dem Oxyfuel-Prozess. Hier bietet sich zudem der Vorteil, dass CO_2 aus Verbrennungsprozessen aufgrund des Emissionshandelssystems tendenziell mit einem negativen Preis versehen ist.

Für die Produktion eines Reichgases bietet sich alternativ z.B. CO_2 aus Bioethanolanlagen an, in denen unter Luftabschluss Biomasse der alkoholischen Gärung unterworfen wird. Pro Molekül Glucose (als Bestandteil von Stärke) werden dabei 2 Moleküle Ethanol und 2 Moleküle CO_2 gebildet. Durch die anaeroben Bedingungen fällt das CO_2 hochkonzentriert an. Diese Gasströme könnten ohne aufwendige Gastrennverfahren für die Methanisierung aufbereitet werden. Beispielsweise werden für Brauereien entsprechende Systeme angeboten, welche im Wesentlichen lediglich eine wässrige Gaswäsche zur Entfernung flüchtiger Substanzen, eine Aktivkohlefilterung zur Entfernung von Gerüchen und eine kondensierende Trocknung des Gases umfassen.

Betrachtet man dessen ungeachtet eine Anreicherung von Methan aus Schwachgas, ist zu berücksichtigen, dass bei jeder Trennung zwei Stoffströme anfallen, die Anteile der Zielkomponente enthalten. Zusätzliche negative Auswirkungen auf die Energiebilanz wären die Folge. Im Falle von Methan tritt noch das hohe Treibhausgaspotential von 25 CO_2-Äquivalenten (OECD 2012, S. 89) hinzu, das eine sorglose Entlassung des abgereicherten Stroms in die Atmosphäre in Zweifel zieht. Eine thermische Entsorgung dieses Stroms z.B. im Kraftwerksprozess würde den nicht brennbaren Gasdurchsatz der Feuerung erhöhen und somit den Wirkungsgrad des Kraftwerks senken.

5. Zusammenfassung

Die Untersuchungen dieser Arbeit fokussierten auf Rauchgase aus konventionellen Kraftwerken als potentielle Quelle von CO_2 für die Sabatier-Reaktion. Es wurde ein kommerziell erhältlicher Nickelmonoxid-Trägerkatalysator für die Methanisierungsreaktion eingesetzt und die Leistung dieses Katalysators unter simulierten, Rauchgasähnlichen Bedingungen untersucht. Die Einstellung dieser Bedingungen erfolgte entsprechend einer Recherche zur Zusammensetzung von Rauchgasen, die den experimentellen Arbeiten vorausging.

Sehr schädlich für Nickelkatalysatoren sind zu hohe Schwefelkonzentrationen. In dieser Arbeit wurden bei 86ppmv SO_2 im Rauchgas, die sich an den Werten gereinigter Rauchgase aus Braunkohlekraftwerken orientierten, Ausbeuteverluste von 2% pro Stunde verzeichnet, die eine Nutzung des getesteten Katalysators bei der untersuchten SO_2-Konzentration unmöglich machen. Zudem können unter den relativ milden Reaktionsbedingungen der Methanisierung Nickelkatalysatoren laut Literatur nicht regeneriert werden. Eine Möglichkeit, dem Schwefelproblem zu begegnen, könnte in der Fokussierung auf Rauchgase aus Erdgasen bestehen. Rauchgaskonzentrationen von SO_2 <1ppmv sind bei der Verbrennung von aufbereitetem Erdgas üblich.

Für den Sauerstoffgehalt im Rauchgas wurde in der eingangs durchgeführten Recherche ein Bereich von 2-15Vol-% ermittelt, wobei letzterer Wert typisch für Gasturbinen ist, in denen dem Rauchgas zusätzliche Kühlluft zugeführt wird. In den durchgeführten Messungen mit Sauerstoff im simulierten Rauchgas wurde der Wasserstoff für die Sabatier-Reaktion durch Sauerstoff unabhängig von dessen Konzentration vollständig verbraucht. Der Mehrverbrauch von Wasserstoff kann drastisch sein, da z.B. Rauchgase aus Kohlekraftwerken pro Molekül O_2 nur etwa drei Moleküle CO_2 enthalten. Dieses Verhältnis ist in Großkraftwerken praktisch nicht beeinflussbar. Mit geringerer, an die Leistung der Methanisierung angepasster Feuerungsleistung könnte ggf. eine stöchiometrische Verbrennung angestrebt werden, wenn der gesamte Rauchgasstrom in der Methanisierung behandelt werden könnte und somit kein Kohlenmonooxid in die Umwelt emittiert würde. Für diese Verbrennungsführung würde sich wiederum Erdgas anbieten.

Für die Rauchgasschadstoffe NO_2 bzw. NO wurde kein erkennbarer Einfluss auf die Aktivität und Stabilität des verwendeten Katalysators gefunden.

Im Hinblick auf das anlaufende Verbundprojekt des Lehrstuhls wurden erste Erfahrungen mit der Methanisierung von realen Rauchgasen gewonnen. Die dabei ermittelten Ausbeuteverluste waren geringer als in der Messung unter SO_2-Einfluss. Über die Zusammensetzung des Rauchgases war aber praktisch nichts bekannt, sodass dieser Versuch eher als erster praktischer Exkurs zu werten ist.

6. Ausblick

In der vorgelegten Arbeit konnten einige wesentliche Aspekte zur Nutzung von Rauchgasen für die Sabatier-Reaktion herausgearbeitet werden. Die weitere, am Lehrstuhl Angewandte PhysikII/Sensorik betriebene Arbeit zur Suche nach geeigneten Katalysatoren für den Einsatz unter Rauchgasbedingungen kann hiervon profitieren. Der Einblick in die speziellen Probleme von Rauchgasen als potentielle CO_2-Quelle wurde vertieft.

Aus experimenteller Sicht sollte weitere Forschung an der Laboranlage in vertikaler Einbaulage des Reaktors und Durchströmung von oben erfolgen. Die Konzentrationsmessung ist unter Rauchgasbedingungen aufgrund der hohen Verdünnung des nach der Sabatier-Reaktion noch im Messgas verbleibenden CO_2 verbesserungswürdig. Neben dem breiten Messbereich der Sensorik ist auch die fehlende Druckkompensation unvorteilhaft, da im Labor aufgrund von Ventilatorbetrieb Druckschwankungen zu erwarten sind. Für die Beprobung realer Rauchgasströme wurde aufeinander abgestimmte Technik aus einem Kompressor, Rohrleitungen und kleineren Druckbehältern getestet. Diese Komponenten können für ähnliche Versuche auch zukünftig genutzt werden.

Aus Verfahrenssicht könnte das Problem der SO_2-Vergiftung z.B. an der mobilen Technikumsanlage durch Erprobung von Adsorber-Konzepten angegangen werden. Sehr effektive Schwefelfeinreinigungskonzepte wurden in der Literatur beschrieben. Weiterhin ist die Frage interessant, welche Standzeit von Nickel-Katalysatoren unter den geringen SO_2-Konzentrationen von Erdgasrauchgasen möglich ist. Erdgasrauchgase erscheinen aufgrund der geringen Beladung mit Fremdkomponenten und der Möglichkeit, mit sehr geringer Luftzahl verbrannt zu werden, vorteilhaft für die Methanisierung.

Generell könnte die Notwendigkeit, Wasserstoff für Elektroenergie-Speicherkonzepte mit CO_2 zu methanisieren, gegeben sein, wenn die Toleranzgrenzen der effizientesten Technik für die Rückverstromung (Gas-und-Dampfturbinen-Kraftwerke) gegenüber reinem Wasserstoff überschritten werden. Hier könnten auch Rauchgase aus konventionellen Verbrennungsprozessen als CO_2-Quelle für methanhaltige Schwachgase in Betracht kommen. Hoch konzentrierte Methanströme zu erzeugen, könnte vorzugsweise mit Rauchgasen hoher CO_2-Konzentration oder anderen hoch konzentrierten CO_2-Quellen gelingen, die abseits der Kraftwerkstechnik in beachtlichen Mengen anfallen.

Literaturverzeichnis

Bartholomew u.a. 1981 BARTHOLOMEW, C.H.; AGRAWAL, P.K.; Katzer, J.R.: *Sulfur Poisoning of Metals.* In: *Advances in Catalysis* (1981), Nr. 31, S. 135-242

Becker u. a. 2007 BECKER, Carolin; DÖHLER, Helmut; ECKEL, Henning; FRÖBA, Norbert; GEORGIEVA, Teodora; GRUBE, Jens; HARTMANN, Stefan; Hauptmann, Astrid; JÄGER, Peter; KLAGES, Susanne; KRÖTZSCH, Susanne; SAUER, Norbert; NAKAZI, Stefan; NIEBAUM, Anke; ROTH, Ursula; WIRTH, Bernd; WULF, Sebastian; XIN, Yi: *Faustzahlen Biogas.* DÖHLER, Helmut (Hrsg.). Darmstadt: KTBL, 2007

Bernstein 2007 BERNSTEIN, Wolfgang: Energietechnik. In: HERING, Ekbert (Hrsg.): *Grundwissen des Ingenieurs.* 14. Aufl. München: Carl Hanser u.a., 2007, S. 581–618

Cerbe u. a. 1992 CERBE, Günter; CARLOWITZ, Otto; HÖLZEL, Gerd; KOCHS, Adolf; KNAUF, Günter; KÖHLER, Horst; LEHMANN, Jürgen; LETHEN, Horst; MAURUSCHAT, Horst: *Grundlagen der Gastechnik.* 4. Aufl. München: Hanser, 1992

Die Fernleitungsnetzbetreiber 2012 DIE FERNLEITUNGSNETZBETREIBER: *Netzentwicklungsplan Gas 2012.* URL http://www.netzentwicklungsplan-gas.de/files/130310_netzentwicklungsplan_gas_2012.pdf – Überprüfungsdatum 2013-05-10

Doležal 2001 DOLEŽAL, Richard: *Kombinierte Gas- und Dampfkraftwerke.* Berlin: Springer, 2001

DVGW 2013 DVGW: *Aktuelles aus dem Regelwerk Gas und Wasser.* URL http://www.dvgw-nrw.de/fileadmin/landesgruppen/Nordrhein-Westfalen/Praesentationen/regelwerk/130417_Neuerungen_Regelwerk_01_03_1Quartal.pdf – Überprüfungsdatum 2013-05-10

Hagen 1996 HAGEN, Jens: *Technische Katalyse.* Weinheim: VCH, 1996

Hansen, Rostrup-Nielsen 2009 HANSEN, Bøgild John; ROSTRUP-NIELSEN, Jens: Sulfur poisoning on Ni catalyst and anodes. In: VIELSTICH, Wolf (Hrsg.): *Handbook of Fuel Cells: Advances in Electrocatalysis, Materials, Diagnostics and Durability.* Chichester: Wiley, 2009, S. 957–969

Hauffe, Rahmel 1954 HAUFFE, Karl; RAHMEL, Alfred: *Zur Kinetik der Reduktion von Nickeloxyd mit Wasserstoff.* In: *Zeitschrift für Physikalische Chemie* (1954), Nr. 2, S. 104–128

Hemschemeier 1992 HEMSCHEMEIER, Hans: Erreichter Stand der Aktivkokstechnik zur Rauchgasreinigung hinter Kraftwerken und MVAs. In: *Absorptive Nachreinigung von Abgasen aus Verbrennungsanlagen mit Aktivkoksen.* Essen: Vulkan, 1992, S. 107–120

Hoekman u. a. 2010 HOEKMAN, Kent; BROCH, Amber; ROBBINS, Curtis; PURCELL, Richard: CO_2 recycling by reaction with renewably-generated hydrogen. In: *International Journal of Greenhouse Gas Control* (2010), Nr. 4, S. 44–50

Hoffeins 1980 HOFFEINS, Hans: *Die Inbetriebnahme der ersten Luftspeicher-Gasturbinenanlage.* In: *Brown Boveri Mitteilungen* (1980), Nr. 8, S. 465–473

Hwang u. a. 2012 HWANG, Sunhwan; HONG, Sunhwan; LEE, Joongwon; BAIK, Joon Hyun; KOH, Dong Jun; LIM, Hyojun; SONG, In Kyu: *Methanation of Carbon Dioxide Over Mesoporous Nickel–M–Alumina (M 5 Fe, Zr, Ni, Y, and Mg) Xerogel Catalysts: Effect of Second Metal*. In: *Catalysis Letters* (2012), Nr. 142, S. 860–868

Kubessa 1998 KUBESSA, Michael: *Energiekennwerte*. Potsdam: Brandenburgische Energiespar-Agentur, 1998

Langeheinecke, Jany, Thieleke 2008 LANGEHEINECKE, Klaus; JANY, Peter; THIELEKE, Gerd: *Thermodynamik für Ingenieure*. 7. Aufl. Wiesbaden: Vieweg + Teubner, 2008

Löschau 2009 LÖSCHAU, Margit: *Abfallverbrennung als Emissionsquelle*. In: *ReSource* (2009), Nr. 4, S. 30–37

Mortimer 2010 MORTIMER, Charles E; MÜLLER, Ulrich: *Chemie*. 10. Aufl. Stuttgart: Thieme, 2010

Müller 2013 MÜLLER, Klaus: *Sabatier-based CO_2-Methanation by Catalytic Conversion*. In: *Environmental Earth Sciences* (eingereicht)

NIST 2011a NIST: *NIST Chemistry WebBook: Infrarotsprektrum von gasförmigem Methan*. URL http://webbook.nist.gov/cgi/cbook.cgi?ID=C74828&Units=SI&Type=IR-PEC& Index=1#IR-SPEC – Überprüfungsdatum 2013-05-07

NIST 2011b NIST: *NIST Chemistry WebBook : Infrarotspektrum von gasförmigem Wasser*. URL http://webbook.nist.gov/cgi/cbook.cgi?ID=C7732185&Units=SI&Type=IR-PEC &Index=0#IR-SPEC – Überprüfungsdatum 2013-05-07

NIST 2011c NIST: *NIST Chemistry WebBook : Infrarotsprektrum von gasförmigem Kohlendioxid*. URL http://webbook.nist.gov/cgi/cbook.cgi?ID=C124389&Units= SI& Type=IR-SPEC&Index=1#IR-SPEC – Überprüfungsdatum 2013-05-07

OECD 2012 OECD: *OECD-Umweltausblick bis 2050: Die Konsequenzen des Nichthandelns*. 1. Aufl. Paris: OECD Publishing, 2012

Ritter 1992 RITTER, Günter: Möglichkeiten der Schadstoffabtrennung aus Abgasen mit Braunkohlenkoks. In: STEINMETZ, E. (Hrsg.): *Adsorptive Nachreinigung von Abgasen aus Verbrennungsanlagen mit Aktivkoksen*. Essen: Vulkan, 1992, S. 8–18

Sattelmeyer 2010 SATTELMEYER, Thomas: Grundlagen der Verbrennung in stationären Gasturbinen. In: LECHNER, Christof; SEUME, Jörg (Hrsg.): *Stationäre Gasturbinen*. 2. Aufl. Dordrecht: Springer, 2010, S. 397–451

Schoder, Armbruster, Martin 2013 SCHODER, Melanie; ARMBRUSTER, Udo; MARTIN, Andreas: *Heterogen katalysierte Hydrierung von Kohlendioxid zu Methan unter erhöhten Drücken*. In: *Chemie Ingenieur Technik* (2013), Nr. 0, S. 1–10

Siemens 2013 SIEMENS: *Siemens forscht an Wasserstoff-Gasturbinen*. URL http://www.siem mens.com/innovation/de/news/2010/siemens-forscht-an-wasserstoff-gasturbinen.htm – Überprüfungsdatum 2013-05-10

Städter 30.06.2011 STÄDTER, Matthias: *Integration eines Quadrupolmassenspektrometers zur Charakterisierung von Hochdruckreaktionen in Katalyse und ALD*. Cottbus, Brandenburgische Technische Universität Cottbus. Diplomarbeit. 30.06.2011

van Heek 1977 VAN HEEK, Karl H.: Stand der Kohlevergasung. In: STEINMETZ, E. (Hrsg.): *Kohlevergasung und -hydrierung*. Essen: Vulkan, 1977, S. 50–59

Verein Deutscher Ingenieure 2006 VEREIN DEUTSCHER INGENIEURE: *VDI-Wärmeatlas*. 10. Aufl. Berlin: Springer, 2006

Wolf 2010 WOLF, Daniel: *Methods for design and application of Adiabatic Compressed Air Energy Storage based on dynamic modeling*. Oberhausen: Laufen, 2010

Zyryanova u. a. 2010 ZYRYANOVA, M. M.; SNYTNIKOV, P. V.; AMOSOV, Yu I.; VEN'YAMINOV, S. A.; GOLOSMAN, E. Z.; SOBYANIN, V. A.: *Selective Methanation of CO in the Presence of CO_2 in Hydrogen Containing Mixtures on Nickel Catalysts*. In: *Kinetics and Catalysis* (2010), Nr. 6, S. 907–913

Anhang

A   Liste der Laborgeräte, Katalysator und Gase

Gerät	Hersteller	Bezeichnung
Massendurchflussregler	Mykrolis Corporation	Tylan FC-2900
Massendurchflussregler	Brooks Instrument	Delta Smart Mass Flow II
Durchflussmesser	Bios International Corporation	Definer 220
IR-Sensor CH_4	Sensors, Inc.	AGM 10
IR-Sensor CO_2	Sensors, Inc.	AGM 32
Wärmeleitfähigkeitssensor H_2	Sensors, Inc.	AGM 22
Röhrenofen/Ofenregelung	Nabertherm	C 290

Katalysator	
Bezeichnung	Nickel oxide supported on silica, 60wt% NiO
Träger	Siliciumdioxid ($SiO2$ / Silica) 40wt-%, CAS-Nr.: 60676-86-0
Imprägnierung	Nickelmonooxid (NiO) 60wt-%, CAS-Nr.: 1313-99-1
Lieferant / Produkt-Nr.	Sigma Aldrich Co. LLC / 675172

Quarzsand (zur Verdünnung)	
Bezeichnung	Sand, acid washed, ca 100-350 mesh O_2Si, CAS-Nr.: 14808-60-7
Partikelgrößenklasse	0,044-0,152mm
Lieferant / Produkt-Nr.	Alfa Aesar GmbH & Co. KG / A19936

Gase	H_2	CO_2	CH_4	N_2	NO_2/N_2-Gemisch	SO_2/CO_2-Gemisch
Bezeichnung	Wasserstoff N50	Kohlendioxid technisch	Methan N25	Stickstoff N50	Stickstoff N50 Stickstoffdioxid N18	Kohlendioxid N45 Stickstoffdioxid N38
Reinheit	≥99,999Vol-%	≥99,7Vol-%	≥99,5Vol-%	≥99,999Vol-%	153,2 ±3,1ppmv NO_2	516±10ppmv SO_2
Fremdgase						
H_2O	<5ppmv	<200ppmv	<10ppmv	<3ppmv		
O_2	<1ppmv		<100ppmv	<2ppmv		
N_2	<5ppmv		<500ppmv			
KW^1	<0,1ppmv		<2.000ppmv	<0,2ppmv		
CO/CO_2	<0,1ppmv					
CO_2			<500ppmv			
Hersteller	Air Liquide	Air Liquide	Air Liquide	Air Liquide	Air Liquide	Air Liquide
Material-Nr.	P1713L50R2A001	I5100L40R0A001	P1715S10R2A001	P1709L50R2A001	Crystal-Gemisch	Crystal-Gemisch

[1] Kohlenwasserstoffe

B   Liste der untersuchten Kraftwerke

Kraftwerksname	Brennstoff(e)	Kategorie	Berichtszeitraum
Boxberg	Braunkohle	Braunkohle Lausitz	2010
Schwarze Pumpe	Braunkohle	Braunkohle Lausitz	2010
Jänschwalde	Braunkohle, Ersatzbrennstoffe	Braunkohle Lausitz	2010
Schkopau	Braunkohle	Braunkohle Mitteldeutschland	2010
Deuben	Braunkohle, Klär- und Bioschlämme	Braunkohle Mitteldeutschland	2010
Mumsdorf	Braunkohle, Klär- und Bioschlämme	Braunkohle Mitteldeutschland	2010
Niederaußem	Braunkohle	Braunkohle Rheinland	2010
Neurath	Braunkohle	Braunkohle Rheinland	2010
Frimmersdorf	Braunkohle, Papierschlamm	Braunkohle Rheinland	2010
Bergkamen	Steinkohle	Steinkohle	2010
Mehrum	Steinkohle	Steinkohle	2010
Heyden	Steinkohle	Steinkohle	2010
Bitterfeld	Erdgas	Erdgas-GuD	2010
Berlin-Mitte	Erdgas	Erdgas-GuD	2010
Niehl II	Erdgas	Erdgas-GuD	2010

C   Modellreaktionen

Modellreaktion 1				Modellreaktion 2			
Sabatier-Reaktion mit simuliertem Rauchgas Umsatz: X=0,8; Selektivität: S=1				**Sabatier-Reaktion mit reiner Eduktmischung** Umsatz: X=0,8; Selektivität: S=1			
Gas i	Feed F		Produktgas P	Gas i	Feed F		Produktgas P
	$q_{i,F}$ (ml/min)	$y_{i,F}$ (-)	$q'_{i,P}$ (ml/min)	$y'_{i,P}$ (-)	$q_{i,F}$ (ml/min)	$y_{i,F}$ (-)	$q'_{i,P}$ (ml/min)	$y'_{i,P}$ (-)
N_2	50	0,5	50	0,595	H_2	40	0,8	8	0,235
H_2	40	0,4	8	0,095	CO_2	10	0,2	2	0,059
CO_2	10	0,1	2	0,024	CH_4	0	0	8	0,235
CH_4	0	0	8	0,095	H_2O	0	0	16	0,471
H_2O	0	0	16	0,190					

$c'_{H2O,P}$ (Vol-%)		19,0%	$c'_{H2O,P}$ (Vol-%)		47,1%
$p_{total,P}$ (bar)		1,1	$p_{total,P}$ (bar)		1,1
$p'_{H2O,P}$ (bar)		0,2095	$p'_{H2O,P}$ (bar)		0,5176

Die Modellreaktion 1 entspricht dem Standard in dieser Arbeit (Referenzmessung für simuliertes Rauchgas). Die Modellreaktion 2 repräsentiert die Sabatier-Reaktion mit reinem Kohlendioxid. Für beide Fälle gilt ein stöchiometrisches Verhältnis von Wasserstoff zu Kohlendioxid (1:4) und gleiche Annahmen für den Umsatz (80%) und die Selektivität (100%). Aus den im Feed eingestellten Volumenströmen $q_{i,F}$ folgen die jeweiligen Molenbrüche

$$y_{i,F} = \frac{q_{i,F}}{\sum_i^n q_{i,F}} \tag{A.1}$$

der einzelnen, als ideal angenommenen Gase. In der Spalte $q'_{i,P}$ sind die anhand Umsatz berechneten Teilvolumenströme der Komponenten im Produktgas eingetragen. Die Spalte $y'_{i,P}$ enthält die darauf berechneten Molenbrüche der Produkte und nicht umgesetzten Edukte im Produktgas. Der Molenbruch von Wasser im Produktgas entspricht der Volumenkonzentration von Wasserdampf $c'_{H2O,P}$ nach dem Reaktor. Für beide Modellreaktionen wird ein Druck von 1,1bar nach dem Reaktor angesetzt. Die resultierenden Wasserdampfpartialdrücke im Produktgemisch sind mit $p'_{H2O,P}$ bezeichnet.

D   Mathematische Erfassung des Sauerstoffeinflusses

Aus einer Messung der Ausbeute mit einem Gemisch ohne Sauerstoff im Feed (Referenzmessung) lässt sich eine Standard-Ausbeute der Sabatier-Reaktion definieren:

$$Y_{CH_4,CO_2,Referenzmessung} \overset{\text{def}}{=} Y^{\circ}_{CH_4,CO_2} \tag{B.1}$$

Es soll eine Korrekturgleichung aufgestellt werden, mit welcher die Ausbeute abhängig vom Sauerstoffgehalt ausgehend vom ermittelten Standardumsatz vorhergesagt werden kann. Die Molenbrüche der Gaskomponenten können über die eingestellten Teilvolumenströme formuliert werden. Der Molenbruch von Sauerstoff im simulierten trockenen Rauchgas ist über die Teilvolumenströme der Gase wie folgt definiert:

$$y_{O_2} = \frac{q_{O_2}}{q_{N_2} + q_{CO_2} + q_{O_2}} \tag{B.2}$$

Aus dem eingestellten Verhältnis der Teilvolumenströme im Feed (ohne Sauerstoff)

$$q_{N_2} : q_{CO_2} : q_{H_2} = 5 : 1 : 4 \tag{B.3}$$

folgt das Verhältnis der Summe aus Stickstoff und Kohlendioxid zu Wasserstoff

$$\frac{q_{N_2} + q_{CO_2}}{q_{H_2}} = \frac{3}{2} \tag{B.4}$$

bzw.

$$q_{N_2} + q_{CO_2} = \frac{3}{2} \cdot q_{H_2}. \tag{B.5}$$

Einsetzen von (B.5) in (B.2)

$$y_{O_2} = \frac{q_{O_2}}{q_{O_2} + \frac{3}{2} \cdot q_{H_2}} \tag{B.6}$$

setzt den Wasserstoffbedarf der Methanisierung in einem Rauchgas mit Restsauerstoff mathematisch zu dessen Konzentration in Bezug.

Wird unterstellt, dass der Umsatz der Edukte in der Wasserbildungsreaktion

$$2H_2 + O_2 \rightarrow 2H_2O \tag{B.7}$$

vollständig erfolgt, werden dem mit Wasserstoff versetzten Rauchgas pro Molekül O_2 zwei Moleküle H_2 entzogen. Deshalb kann der Wert „2" des stöchiometrischen Verhältnisses als Vorfaktor für den Wasserstoffteilstrom in (B.6) eingesetzt werden, die damit zu

$$y_{O_2} = \frac{q_{O_2}}{q_{O_2} + 3 \cdot q_{H_2}} \tag{B.8}$$

wird. Formt man (B.8) so um

$$q_{O_2} \cdot y_{O_2} + 3 \cdot q_{H_2} \cdot y_{O_2} = q_{O_2}$$

$$y_{O_2} + 3 \cdot \frac{q_{H_2}}{q_{O_2}} \cdot y_{O_2} = 1,$$

dass auf der linken Seite ein Verhältnis aus dem Sauerstoff- und Wasserstoffteilstrom steht

$$\frac{q_{O_2}}{q_{H_2}} = \frac{3 \cdot y_{O_2}}{1 - y_{O_2}}, \tag{B.9}$$

so stellt die rechte Seite einen Korrekturfaktor für die gemessene Standardausbeute der Sabatier-Reaktion dar, der den Restsauerstoffgehalt berücksichtigt. Es kann die Gleichung

$$Y_{CO_2} = Y^{\circ}_{CO_2} \cdot \{1 - \frac{3 \cdot y_{O_2}}{1 - y_{O_2}}\} \qquad (B.10)$$

aufgestellt werden. Damit errechnet sich die Abnahme der Ausbeute zu etwa 3% bei einer Sauerstoffkonzentration von 1 Vol-%. Mit steigendem Sauerstoffgehalt weicht auch das stöchiometrische Verhältnis von CO_2 zum verbleibenden H_2 mehr und mehr vom Optimum ab. Mit z.B. 8 Vol-% Sauerstoff im Rauchgas beträgt die vorgesagte Abnahme des CO_2-Umsatzes bereits 26%, entsprechend 3,3% Umsatzeinbuße pro 1 Vol-% Sauerstoff. Diese rechnerische Abbildung wird in (3.3.5) mit den experimentellen Ergebnissen verglichen.

E   Berechnung des Lösens von Gasspezies

Es wird hier das Lösen von zu messenden Gasspezies im Bereich der Kondensationstrocknung abgeschätzt. Mit dem Henry'schen Gesetz, aufgestellt für Wasser

$$p_i = H_{i,H_2O} \cdot x_{i,lös}$$ (E.1)

mit: p_i Partialdruck der Gaskomponente i

H_{i,H_2O} Henry-Koeffizient der Gas-Komponente i für die Löslichkeit in Wasser

$x_{i,lös}$ Molanteil der gelösten Komponente i in Wasser,

kann die Löslichkeit von Gasen in Wasser abhängig vom Druck beschrieben werden. Streng genommen ist dies für CO_2 nicht korrekt, da es nach physikalischer Lösung in Wasser zu Kohlensäure H_2CO_3 weiter reagieren kann. Der Umsatz von gelöstem CO_2 zu Kohlensäure ist aber stets kleiner als 1% (Mortimer 2010, S. 466). Es wird daher die Gültigkeit des Henry'schen Gesetzes auch für CO_2 als gegeben angesehen. In untenstehender Tabelle werden als Grunddaten der Berechnung typische Werte eines Experiments gelistet und die Berechnungsergebnisse einschließlich Henry-Koeffizienten (H_i) für Standardbedingungen dargestellt. Die Daten bezie-hen sich auf die zwei definierten Modellreaktionen (vgl. Anhang C).

Experimentelle Grunddaten (Modellreaktion 1)

Kondensat m_{H2O} (g)	Gasdruck* p (bar)	Produktstrom $q_{Produkt}$ (l/min)	Versuchsdauer $t_{Versuch}$ (h)
10	1,03	0,066	20

nach Kühlfalle

Berechnungsergebnisse

Gas i	q_i (l/min)	n_i (mol/20h)	p_i (bar)	$H_{i,H2O}$ (bar)	$x_{i,lös}$ (-)	$n_{i,lös}$ (mol)	Übergang (%)
CH_4	0,008	0,4320	0,12	39700	3,1E-06	1,7E-06	0.0004
CO_2	0,002	0,1080	0,03	1650	1,9E-05	1,1E-05	0,0097
H_2	0,008	0,4267	0,12	71900	1,7E-06	9,6E-07	0,0002

Experimentelle Grunddaten (Modellreation 2)

Kondensat m_{H2O} (g)	Gasdruck* p (bar)	Produktstrom $q_{Produkt}$ (l/min)	Versuchsdauer $t_{Versuch}$ (h)
10	1,03	0,018	20

nach Kühlfalle

Berechnungsergebnisse

Gas i	q_i (l/min)	n_i (mol/20h)	p_i (bar)	$H_{i,H2O}$ (bar)	$x_{i,lös}$ (-)	$n_{i,lös}$ (mol)	Übergang (%)
CH_4	0,008	0,4320	0,46	39700	1,2E-05	6,4E-06	0,0015
CO_2	0,002	0,1080	0,11	1650	6,9E-05	3,9E-05	0,0357
H_2	0,008	0,4267	0,46	71900	6,4E-06	3,5E-06	0,0008

Kohlendioxid ist in Wasser mäßig lösbar. Der Henry-Koeffzient ist um eine Größenordnung kleiner als die Henry-Koeffizienten von CH_4 und H_2. Der maximale Übergang (CO_2) in das Kondensat beträgt bei der Modellreaktion 1 (Verdünnung in N_2) weniger als 0,01%. Bei der Modellreaktion 2 (nur Edukte H_2 und CO_2) ist der berechnete maximale Übergang <0,04%. Das Lösen der Gase im anfallenden Kondensat kann somit als Einflussgröße auf die Zusammensetzung des Gasstroms vernachlässigt werden.

F Fehlerrechnung

Die Fehlerberechnung erfolgte mit der Gauß'schen Fehlerfortpflanzungsrechnung. Die angesetzten Messunsicherheiten sind:

- Massendurchflussregler (MFC): ±1% des Nenndurchflusses (Hersteller-angabe)

- Durchflussmesser (FIR): ±1% des Ablesewertes (Herstellerangabe)

- IR-Sensorik: Standardfehler der Steigung der ermittelten Regressions-geraden

Eingestellte Konzentrationen

In die eingestellten Konzentrationen fließen die Fehler von MFC und FIR ein. Der mittels MFC eingestellte Volumenstrom wurde mit dem FIR kontrolliert und so die Konzentrationen eingestellt. Für den relativen Fehler der eingestellten Konzen-tration folgt daher:

$$\frac{s_c}{c_{set}} = \sqrt{\left(\frac{s_{abs,MFC}}{q_{set}}\right)^2 + \left(\frac{s_{abs,FIR}}{q_m}\right)^2} \tag{F.1}$$

mit: $\dfrac{s_c}{c_{set}}$ relativer Fehler der eingestellten Konzentration

     $s_{abs,MFC}$ absoluter Fehler des MFC

     q_{set} mittels MFC eingestellter Volumenstrom

     $s_{abs,FIR}$ absoluter Fehler des FIR

     q_m gemessener Volumenstrom

Zum Beispiel folgt für die Einstellung einer CO_2-Konzentration im Feed von 10Vol-% mittels eines MFC mit Nenndurchfluss 10ml/min für den relativen Fehler der eingestellten Konzentration:

$$\frac{s_c}{c_{set}} = \sqrt{\left(\frac{0,01 * 10\,\frac{ml}{min}}{10\,\frac{ml}{min}}\right)^2 + \left(\frac{0,01 * 100\,\frac{ml}{min}}{100\,\frac{ml}{min}}\right)^2} \qquad (F.2)$$

$$\frac{s_c}{c_{set}} = 1,4\%$$

Für die eingestellten Konzentrationen bei der Erstellung der Kalibriergeraden folgen teilweise deutlich höhere Werte für den relativen Fehler, da mit den geringen verwendeten Volumenströmen, die sich an dem erwarteten Konzentrationsbereich der zu messenden Spezies im Produktgas orientierten, der relative Fehler bei der Massendurchflussregelung ansteigt. Von großer Bedeutung sind die absoluten Fehler der eingestellten CO_2- und CH_4-Konzentration, da auf den eingestellten Werten die Kalibriergerade beruht. Diese absoluten Fehler entsprechen den Fehlerbalken der Punkte in den Kalibrierkurven (3.2). Zu den absoluten Fehlern siehe nachfolgende Tabelle.

Berechnete relative und absolute Fehler der eingestellten Konzentrationen bei der Erstellung der Ausgleichsgeraden zur Kalibration des CH_4-Sensors und des CO_2-Sensors

		N_2	CH_4	H_2	CO_2	Gesamt
Nenndurchfluss MFC	(ml/min)	100	50	50	10	
Unsicherheit MFC	(%)	1	1	1	1	
eingestellter Wert	(ml/min)	50	9	4	1	64
		50	8	8	2	68
		50	7	12	3	72
		50	6	16	4	76

CH_4					
eingestellter Wert	(Vol-%)	14,1	14,1	10,9	9,4
rel. Fehler	(%)	5,64	6,33	7,21	8,39
absoluter Fehler	**(Vol-%)**	**0,79**	**0,79**	**0,79**	**0,79**

CO_2					
eingestellter Wert	(Vol-%)	1,6	3,1	4,7	6,3
rel. Fehler	(%)	10,0	5,1	3,5	2,7
absoluter Fehler	**(Vol-%)**	**0,16**	**0,16**	**0,16**	**0,17**

Berechnete Schätzwerte

Die mit den Kalibriergeraden berechneten Schätzwerte gehen in die Berechnung von Ausbeute, Umsatz und Selektivität ein. Um die Berücksichtigung dieses Fehlers zu verdeutlichen, wird im Folgenden seine Berechnung angegeben. Die Ausgleichsgeraden

$CO2$: $\quad c_{CO_2} = 1{,}836 \cdot c_{CO_2,Messung}$ Standardfehler=0,105   (F.3)

$CH4$: $\quad c_{CH_4} = 1{,}021 \cdot c_{CH_4,Messung}$ Standardfehler=0,016   (F.4)

zur Schätzung der tatsächlichen Konzentrationen auf Basis des Messwerts enthalten auch einen Standardfehler für die Steigung der Geraden. Mit einer für diese Arbeit typischen, gemessenen CO_2-Konzentration von 2,0Vol-% im Produktgemisch ist bezogen auf den Schätzwert (3,7Vol-%) die Unsicherheit ±0,36Vol-%. Daraus folgt ein relativer Fehler für die CO_2-Messung von

$$\frac{s_c}{c_{Schätz,CO_2}} = \frac{0{,}36Vol - \%}{3{,}7Vol - \%}$$

$$\frac{s_c}{c_{Schätz,CO_2}} = 10\%$$

(F.5)

mit: $\quad \dfrac{s_c}{c_{Schätz,CO_2}}$ relativer Fehler für den Schätzwert von CO_2.

Auf dem aus dem Messwert von CO_2 geschätzten Wert liegt somit ein Fehler von ±10%.

Für die CH_4-Messung mit einer typischen, gemessenen Konzentration von 13,0 Vol-% im Produktgemisch ist bezogen auf den Schätzwert (13,3Vol-%) die Unsicherheit ±0,41Vol-%. Daraus folgt ein relativer Fehler für die CH_4-Messung von

$$\frac{s_c}{c_{Schätz,CH_4}} = \frac{0,41 Vol - \%}{13,3 Vol - \%}$$

(F.6)

$$\frac{s_c}{c_{Schätz,CH_4}} = 3\%$$

mit: $\dfrac{s_c}{c_{Schätz,CH_4}}$ relativer Fehler für den Schätzwert von CH4.

Auf dem Schätzwert von CH$_4$ liegt ein Fehler von ±3%.

Diese Fehler gehen in die Berechnungswerte Ausbeute, Umsatz und Selektivität ein. Da es große Fehler sind, besonders im Fall von CO$_2$, wird auf die Fehlerfortpflanzungsrechnung für die berechneten Werte Ausbeute, Umsatz und Selektivität im Folgenden verzichtet. In diese Rechnung würde lediglich noch der 1%-Fehler des Durchflussmessers eingehen, den Fehlerwert aber nicht mehr wesentlich verändern.